0歳からシニアまで

柴犬との しあわせな暮らし方

Wan 編集部 編

はじめに

日本人にとっていちばん身近で見慣れた犬と言えば、やはり柴犬。最近は海外でも人気を博しつつあるようです。すでに飼われている柴犬の数が多い上、「いつか飼ってみたいな」と思っている人もたくさんいるのではないでしょうか。

この本の特徴は、「０歳からシニアまで」柴犬の一生をカバーしたものであるということ。飼育書でよくある「これから柴犬を飼いたい」と思っている人向け、子犬向けの情報だけにとどまらない内容となっています。もちろん、子犬の迎え方や育て方もたっぷりご紹介しているので、柴犬初心者さんにもばっちりお役立ち。それにプラスして、成犬になってから役立つしつけやトレーニング、保護犬の迎え方、お手入れ、マッサージ、病気のあれこれに、避けては通れないシニア期のケアを詳しくご紹介しています。

柴犬を長く飼っているベテランさんにも、飼い始めて間もない人にも、そしてこれから飼おうという人にも、柴犬を愛するすべての人に読んでほしい……。そんな願いを込めて、愛犬雑誌『Ｗａｎ』編集部が制作した一冊です。

飼い主さんと柴犬たちが、〝しあわせな暮らし〟を送るお手伝いができれば、これに勝る喜びはありません。

『Ｗａｎ』編集部

２０１７年９月

もくじ

PART 1 柴犬の基礎知識

PART 2
柴犬の迎え方

PART 3
柴犬のしつけとトレーニング

PART 4

柴犬のかかりやすい病気&栄養・食事

PART 5

お手入れとマッサージ

PART 6

シニア期のケア

113

※本書は、『Wan』で撮影した写真を主に使用し、掲載記事に加筆・修正して内容を再構成しております。

Part 1

柴犬の基礎知識

柴犬は日本人に最も身近な犬ですが、
意外と知られていないことがたくさんあります。
まずは“犬種”について知りましょう！

柴犬の歴史

**日本人とともに歩み、一時期の危機を乗り越え
現在に至ります。**

柴犬の歴史の中で“中興の祖”と呼ばれた名犬『中号』。
昭和23年（1948年）生まれのオス。

日本人とともに暮らした犬

日本人の祖先が犬を飼い始めたのは、６０００年以上前のことだと考えられています。縄文時代の遺跡から発掘された犬の骨を見てみると、現在の柴犬くらいのサイズの犬が多かったようです。その後、大陸から弥生人が渡来して弥生時代になると、彼らが伴って来た犬との混血が進みます。この犬が、現在の日本犬の基礎となったと思われています。

弥生時代には、銅鐸《どうたく》の表面にイノシシ狩りの犬の様子が描かれています。また、古墳時代になると犬の埴輪《はにわ》も見ることができますが、それらから推察するに、当時の犬はすでに日本犬の特徴である「立ち耳・巻き尾（または差し尾）」を備えていたことがわかります。

その後、今から約１４００年ほど前には朝廷に「犬飼部」という役所が設けられました。さらに時代は下って江戸時代、

戦中・戦後の厳しい時期を乗り切り、柴犬は現在のような姿を保つことができているのです。

8代将軍徳川吉宗のころになると、「鷹部屋」が設けられました。そこでは鷹狩用の犬を飼育するための秘伝書や図録などが作られていたそうです。

江戸時代に至るまで、日本犬はあまり姿形を変えることなく存続していたと思われます。外国から異犬種が入ってきたという記録は残っているものの、その数はごく少なく、日本犬の形質に大きな影響を与えるものではありませんでした。明治維新を迎えるまでは、各地で純粋な日本犬（地犬）の姿が見られていたはずです。

ところが明治時代に入ると、その状況は一変。開国とともに、外国（とくに欧米）から洋犬が多く持ち込まれるようになったのです。このころは今と違ってほとんどの犬が放し飼いですから、当然ながら洋犬と日本犬との混血が進みます。その結果、都市部近郊から純粋な日本犬（とくに都市部に多かった柴犬）は姿を消して雑種化していきました。大正時代になると、純粋な柴犬は街中でほとんど見られなくなったということです。

保存運動を経て現在の姿へ

そんな状況に危機感を抱いた人々によって1928年（昭和3年）に設立されたのが、日本犬保存会です。これ以来、日本の在来犬種の呼び名は「日本犬」に統一され、保存事業が始まります。1932年（昭和7年）には犬籍（血統書）登録が始まり、第1回日本犬全国展覧会も開催されました。

しかし犬たちのサイズや外見がばらばらだったことから、1934年（昭和9年）には日本犬の理想像を文書化した「日本犬標準」（スタンダード）を制定。日本犬は大型・中型・小型の3タイプに分けられ、柴は小型犬として保存されることになったのです。ちなみに紀州・四国・甲斐・北海道は中型犬、秋田は大型犬と分類されました。このとき定められた日本犬標準は、現在では国内はもちろん、海外の展覧会（ドッグショー）でも使用されています。

こうして保存活動が始まったものの、全国に残された優秀な柴の数はじつに心もとないものでした。紀州や四国のように、地域ごとに保存するには絶対数が足りなかったのです。そこで、全国各地に点在する優秀犬を計画的に交配するという手法が取られました。現在の柴犬は、各地の小型日本犬の血統を集積・固定して保存したものと言えるのです。

柴犬の理想の姿

どんな犬種にも「こうあるべき」という
理想の姿があるのです。

柴犬の

尾

巻き尾

背中でくるりと巻いた尾。
柴犬にはこちらが多く見られる。

差し尾

巻かずに前方にぐっと伸びた尾。
柴犬では少数派だが、紀州犬にはよく見られる。

「気魄《きはく》」と「性徴感」が重要

柴犬の外見で重要なのは、「気魄」とオスらしさ・メスらしさを示す「性徴感」です。体躯はバランスよくまとまり、骨格は緊密。筋腱はよく発達しています。体高：体長＝１００：１１０で、横から見るとやや長方形の体付きをしています。

「気魄」も非常に重要視されますが、その有無がよく現れるのが尾（しっぽ）です。柴犬の尾は主に巻き尾（くるりと巻いた尾）か差し尾（巻かずに前方に向いた尾）で、適度な太さで力強く掲げます。尾が下がるのは非常に好ましくありません。

目はやや三角形で、目尻がわずかに上がっています。額は広く、頬の部分はよく発達しています。口吻は丸く締まり、口唇はゆるみがなく一直線に見えます。さらに動作はきびきびとして、さっそうと歩く姿も特徴的です。

このような条件は、（公社）日本犬保存会が定める「日本犬標準」に記載されています。

体高
オス＝39.5cm（平均：38～41cm）
メス＝36.5cm（平均：35～38cm）
耳
頭部と調和した大きさで、やや前傾してピンと立ちます。
頭と頸部（首）
額は広く、頬はよく発達しています。頸部は適度な太さと長さを備えてしなやかで力強い筋肉を有しています。
口吻
鼻筋は直線。口元は丸みを帯びて、ほどよい太さと厚みがあります。口唇はゆるみがなく、一直線に引き締まります。歯の数はすべて合わせて42本。
背と腰
背は背部から腰部尾の付け根までが直線です。
目
やや三角形で、目尻が少しつり上がり、力のある奥目。濃い茶褐色の虹彩が理想。
胸
よく発達して、肋骨は適度に張って楕円形（卵形）です。
足（指・爪）
かたく締まり、よく握ります。

柴犬の被毛・毛色

特徴的な毛質と毛色も柴犬の大きな魅力です。

裏白《うらじろ》

体の下側にある淡い（白い）部分のこと。赤、黒、胡麻のいずれにも見られます。

四《よ》つ目《め》

黒柴の目の上には、淡い赤か白のまゆ毛のような部分があります。実際の目と合わせると目が4つあるように見えることからこう呼ばれます。

柴の被毛は、上毛（表毛／オーバーコート）、下毛（綿毛／アンダーコート）からなる二重被毛（ダブルコート）です。上毛は硬く、まっすぐでクセがありません。赤や黒といった毛色は、この上毛の色を指します。下毛は淡い色合いで、綿のようにやわらかく、びっしりと生えています（換毛期には、この下毛が大量に抜けます）。

また、あごの下、首の下、胸の下、前足・後ろ足の後ろと下腹部や尾の裏側などは、淡い色になっています。これを「裏白」と言い、白以外の柴には必ずあるべき特徴です。濃い色と、この裏白の淡い色のコントラストが、柴ならではの雰囲気作りにひと役買っています。

赤は柴の毛色としては最も多く、「柴と言えばこの色」というイメージも強いと思います。ただし濃淡や色調はさまざまで、1頭として同じものはありません。黒は漆黒ではなく、あまりヒカリのない鉄錆《てつさび》色が好ましいとされています。目の上には、淡い赤か白の「四つ目」が出ます。胡麻《ごま》は、赤に黒が混じった色合いを指します。

また繁殖の過程では、白い毛を持つ犬が生まれることもあります。犬籍登録もできますし、家庭犬として飼うのは問題ありません。

「黒」と言っても真っ黒ではなく、深みのある鉄錆色。あまり“ヒカリ”のないのが特徴で、はっきりした四つ目があるほうが好まれる。赤の次に頭数の多い色。

柴犬のなかで8割を占める、最もポピュラーな色。明るく冴えた色が望ましいとされるが、濃淡は犬によってさまざま。裏白とのバランスやコントラストが美しい。

柴犬の毛色・4種

繁殖の過程で生まれることのある毛色。当然数は少ないが、人気は高い。真っ白というよりは少し赤みがかった毛が混じっていることが多く、微妙な濃淡も見られる。

赤・黒・白の毛がほどよく混ざり合った毛色。赤みが強いものは「赤胡麻」、黒みが強いものは「黒胡麻」とも呼ばれる。柴犬のなかでは珍しい毛色。

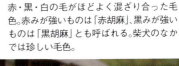

犬種を守る展覧会

柴犬がどれだけ理想の姿に近いかを競うのが、
（公社）日本犬保存会の主催する展覧会です。

展覧会の様子

「日本犬保存会」って？

日本犬に関する調査研究・犬籍（血統書）の管理・保護・広報などを行う公益社団法人。

個体審査

骨格や顔立ち、耳、尾、被毛の状態等のチェックを受けます。

「歯」の審査の様子。噛み合わせ、歯の数、舌斑の有無などを調べます。

「悍威《かんい》」「良性《りょうせい》」「素朴《そぼく》」を備えた犬を作る

日本犬で最も歴史のある犬種登録団体である日本犬保存会（日保）は、1934年に犬種のあるべき姿である日本犬標準を定めました。そこで身体的特徴などに加えて、最も重要視されるのが、「悍威」（気魄と威厳を備えていること）、「良性」（忠実で従順であること）、「素朴」（飾り気のない地味な気品と風格のこと）という日本犬の本質です。

日保では、日本犬標準に基づいて「純粋性が高く理想に近い特質を持った日本犬を示し、次の世代に続けること」を目的として、展覧会を開催しています。展覧会は地域ごとに加え、年に1回全国展覧会が行われます。出陳者（ブリーダーや愛好家など展覧会の参加者）が優れた犬を見て刺激を受け、より質の高い犬の作出につなげるといった効果もあります。このよ

目印が付けられたコースを、早足〜小走り程度で歩いて歩様（歩きぶりや足運び）を見ます。

サイズの確認には、「体高測定器」という器具が使われ、主に体高を確認します。

比較審査

審査員は、出陳犬を目視で再びチェック。

審査を終えると、審査員は並び順（席次／順位）を指示します。

同組・同班の犬が全員一緒にリング入り。今度は比較しながらの審査を受けます。

うな努力がなければ、柴犬らしい柴犬を見ることは難しくなってしまうでしょう。

個体審査と比較審査

日保の展覧会は、出陳犬は性別と年齢で「若1組」「成犬組」など12の組に分けられます。全国の支部で行われる地域ごとの展覧会で優秀な成績を修めた柴犬だけが、全国展への参加を認められます。

審査は、「個体審査」と「比較審査」の2段がまえ。個体審査では、各犬の骨格構成、性質、性格、被毛、目、体高、歩《ほ》様《よう》、歯の噛み合わせなどをチェック。比較審査では、組ごとにすべての犬を並ばせて、審査員が再度確認。優れた犬をピックアップし、順位を付けていきます。

各組の1位となった犬から高い評価の1頭を選出し、選ばれた犬がオスとメスで競って最高賞が贈られます（全国展覧会の場合）。

しばコラム
1

海外での柴犬人気

柴犬の人気は、もはや日本だけのものではありません。
とくにヨーロッパで愛好家がどんどん増えているのです。

海外では、これまで人気の日本犬と言えば大型の秋田犬でした。しかし昨今は、ヨーロッパを中心に柴犬の人気が非常に高まっています。人気の理由は「賢い、清潔、手ごろなサイズ」。とくにスウェーデンをはじめとする北欧では、もともと立ち耳・巻き尾の犬が珍しくなかったためか、柴犬が広く受け入れられているようです。

柴犬を飼うヨーロッパ人にその魅力を尋ねると、「柴には野生動物の勘のようなもの、犬としての原始的な部分が残っているから」という答えが返ってくることがよくあります。同じリーダーへの忠誠心がある犬でも、たとえばシェパードとはまるで違うとも。シェパードは「服従すること自体が身についた犬」、柴犬は「もっと心から自発的な気持ちで飼い主を慕ってくれる」との見方もあるそうです。

海外の真剣な柴犬ファンともなれば、「Kan-i」（悍威）、「Ryo-sei」（良性）、「So-boku」（素朴）という、日本犬に求められる性質を示す単語をすらすらと日本語で挙げてくれるほど。ヨーロッパのドッグショーに行けば、さまざまなクラスで賞を取る柴犬が続々と出てきていますし、日保の審査員が海外に出向いて展覧会の審査を担当することもあります。日本産のすばらしい柴犬が海を渡ることももはや珍しくありません。洋犬にはない魅力を備えた柴犬、これからもワールドワイドに活躍してくれるかも……！

写真＊藤田りか子

Part2

柴犬の迎え方

いよいよ「柴犬を迎えたい！」と思ったら……。
迎える先や準備、慣らし方などを
チェックしましょう

柴犬を迎える前に

まずは「子犬から迎える」ケースをモデルに、
ポイントを見ていきましょう。

迎える前の心がまえ

最初に、柴犬との生活についてよく考えておきます。

何となく「柴犬を飼ってみたい」だけでは、飼い始めてから困ってしまうことも。犬種の情報を集めたり、現状を整理しておくのがおすすめです。

犬種についてよく知る

犬の性格や行動は、犬種によって大きく異なります。柴犬の特徴を踏まえて、一生世話ができるかどうかを確認しましょう。

かかるお金と手間を確認

犬の一生を通じてかかる費用（食費、獣医療費など）や、毎日の世話を家族でどう分担するかをきちんと話し合いましょう。病気にかかったりシニアになるとさらにお金と手間がかかるため、〝もしも〟の備えも万全に。

購入先の検討は慎重に

なるべく情報を集めて、数あるブリーダーやペットショップのなかから安全で信頼できる購入先を見きわめることが重要。飼育環境や育て方について、じっくり相談できるところを選びましょう。ほとんどのブリーダーは条件を伝えれば相談に乗ってくれるので、わからないことがあったら聞いてみてください。

子犬が家に来るまで

思い立ってから
一緒の生活を始めるまでの
モデルコースを紹介します。

※ブリーダーから譲り受けるケースを例にしています。ほかの購入ルートでは、一部異なる点があります。

START

飼育条件をまとめる

犬の生活空間をどうするかといった環境面や家族の協力態勢についてよく話し合い、現状を整理します。

情報収集&購入先の決定

インターネットや雑誌、口コミを通じて情報を集め、子犬の購入先を探します。選択肢はブリーダーのほかにペットショップ、保護団体など。相談しやすいところを選びましょう。

ブリーダーを訪問し、迎える子犬を決める

ブリーダーから迎えることにしたら、複数のブリーダーに連絡を取って予算や条件、連絡先を伝えます。できれば犬舎を直接訪問して子犬を見た上で「どこからどの子犬を迎えるか」を決めます。

迎える準備をする

子犬を迎える日が決まったら、準備に取りかかります。必要なグッズやフードをそろえるだけでなく家具の配置換えやサークル設置など、飼育環境を整えることも大事。

GOAL

子犬が家に来る

子犬が来てすぐのころは、あまり刺激せずにしばらくそっとしておきましょう。体調に異変がないかどうかだけ、注意深く見守ってあげてください。

迎えるまでにしておくこと

子犬探し＆準備のそれぞれで、どこに注意すればいいかを見ていきます。

条件整理と迎える先の選択

飼育条件とは自宅の広さや経済状態など、犬に快適な生活を提供できるかどうかの指標。主な項目は次の通りです。

- □外飼い・室内飼いともに、十分なスペースがあるか
- □必要に応じて室内の模様替えや危険なものの撤去ができるか
- □犬の一生（少なくとも平均寿命分）を通じて、食費や医療費を負担できるか
- □食事やしつけ、散歩、遊びをさせるための時間を取れるか
- □家族全員が協力して世話をできるか、分担はどうするか

これらの条件をまとめておいてブリーダーやペットショップの店員に伝えれば、子犬を選びやすくなるはずです。ブリーダーから迎える場合は、実際に犬舎を訪問するのがおすすめ。子犬を直に見ることができるだけでなく、親犬を見れば成長後の姿をイメージすることもできます。「見学に行ったら必ず購入しないといけない」ということはないので、複数のブリーダーを回って選びましょう。時期によっては子犬がいないこともあるので、事前に確認を。

ペットショップで探す場合も、1か所だけでなく何軒か見て回り、子犬の健康状態や育て方などについてスタッフに質問した上で、信頼できるところを選んでください。

子犬の選び方

子犬選びでは、次のポイントを満たすような健康的で穏やかなタイプが比較的飼いやすく、おすすめです。

- □目がはつらつとしていて、健康そう
- □動きが機敏
- □体をさわったときにおびえず、落ち着いている

ただ、これらはあくまで目安。子犬にも個性や飼い主さんとの相性があるので、あまりとらわれすぎないように。飼育条件との兼ね合いや第一印象などを考慮した上で、ブリーダーやペットショップの店員とも相談しながら、慎重に検討して決めてください。

また、子犬が複数いるブリーダーなら、先に飼育条件を伝えればそれに合った子犬を提案してくれるところもあります。

迎える準備

ブリーダーの場合は飼い主に受け渡す時期（子犬の月齢）が決まっていて、子犬を渡されるまで数週間～数か月間かかるケースがあります。そのあいだに、子犬を迎える準備をしておきましょう。ペットショップはすぐに連れて帰ることができますが、準備に時間がかかる場合は契約だけ先にして、最低限の生活環境を整えてから迎えに行くと慌てずに済みます。

何を用意すればいいかは左上の表を参考に、ブリーダーや店員と相談しながら決めましょう。フードは食べ慣れたものが安心なので、犬舎やペットショップで与えていたものをそのまま使うのもひとつの手段です。

ほかにも、食器やオモチャなどその子犬が慣れ親しんでいるものがあればそれを一緒に持ってくると、環境の変化による緊張をやわらげられます。

ケージやトイレといった生活必需品は、何でもいいわけではありません。同じ柴犬の子犬でもさまざまな個体差（体質や好み）があるため、ちゃんとその子犬に合ったものをそろえてあげましょう。よくわからないときはブリーダーや店員に相談を。

最低限そろえておきたいもの

- □ フード
- □ 食器（フードボウルなど）
- □ ケージ、サークル（犬小屋）
- □ クレート
- □ トイレトレー、トイレシート
- □ タオルや毛布
- □ 首輪
- □ リード（引き綱）

あるといいもの

- □ オモチャ（やわらかいものがおすすめ）
- □ 暑さ・寒さ対策グッズ

など

柴犬との生活をスタートする

家に来たばかりのころは、子犬も緊張しています。
うまくリラックスさせつつ、
一緒に暮らすルールを教えましょう。

最初の慣らし方

無理はさせず、
少しずつ
距離を縮めましょう。

抱き上げ方

驚かさないよう、下から手を伸ばしてさわります（左）。上から手を伸ばしたり、急に動かすと怖がるのでNG（右）。

かまいすぎに注意

家に迎えてから一定期間（3日間程度）はケージを静かな場所に置いて、できるだけそっとしておきましょう。子犬は環境が変わって緊張しているので、距離を縮めようとしてスキンシップを取りすぎるのは逆効果。食事やトイレシートを替えるなど必要なとき以外は、声もあまりかけないようにしましょう。

子犬が落ち着いたら、少しずつふれ合ってみましょう。最初のうちは子犬が嫌がっていないか様子を見ながら、ゆっくりと抱き上げます。子犬が嫌がるそぶりを見せたときは、そっと戻してあげてください。

抱き上げることができたら、子犬の名前を呼んで覚えさせます。飼い主さんと向き合った状態で目を合わせ、名前をはっきりと発音して呼びます。何度か繰り返せば、しっかり覚えてくれるでしょう。

生活のルールを教える

一緒に暮らす上での最低限のルールは、初めに教えておきましょう。

ケージの周りの床にもシートを敷いておいてブロック。外にオシッコが漏れてもしからないようにしましょう。

トイレは決まった場所で

柴犬は外でトイレをすることも多いですが、シニア期に介護が必要になった場合のことも考えると、室内でできるようにしておいたほうが便利。成長してから教えることもできますが、家に来たばかりの子犬をさりげなく誘導して教えたほうが簡単です。

最初の数日間はケージ内で過ごすことが多いのでケージ内にトイレシートを敷いておき、自然とそこでオシッコをするように待ちます。暴れてシートを破ってしまいそうなら、代わりにタオルを使ってもOK。可能なら、すでにオシッコの跡（その子犬のでもほかの犬のでも可）が付いたシートを使うと、その上でオシッコをしやすくなるようです。

子犬でも、オスは立ってオシッコをするのでケージの外に飛ぶことも。念のため、ケージの下や側面にもシートを用意しましょう。

オモチャで遊ぶときは……

来たばかりのころは、あまり激しい運動をさせないように気を付けて。オモチャを何種類か用意して子犬に与えてみて、気に入るものが見つかったら自由に遊ばせます。

ワクチン接種が終わったら、外に出したり多少激しい運動をしても大丈夫。興奮させすぎないよう注意した上で、コミュニケーションを深めましょう。滑らないように床にマットを敷くなど、安全にも配慮してください。

遊ぶスペースからは家具やコード類をどかしておくなど、子犬がケガをしないよう気を付けて。

子犬の健康管理

子犬は抵抗力が弱いので、
健康にはとくに気を付けなければいけません。

子犬の健康トラブル

まず、子犬の時期（幼犬期）に
心配な健康上の
トラブルを確認します。

生後6か月ごろまでの子犬は心身ともに目を見張る速度で成長し、行動範囲もぐんぐん広がっていきます。ただし細菌やウイルス、寄生虫などに対抗する力（免疫や抵抗力）はまだ不十分なため、油断していると犬ジステンパーや犬パラインフルエンザといった危険な感染症にかかる可能性もあります。

また、生まれつき特定の病気に弱い体質の犬もいるため、子犬を迎えたらすぐに動物病院で健康診断を受けるのが不可欠。そのときの診断結果をもとにして、食生活や接し方を考えましょう。

最初の健康診断の際に、その犬に適したワクチン接種のプログラム（スケジュール）を組んでください。感染症のほとんどは、適切な時期に欠かさずワクチンを打つことで予防できるのです。

このときにお世話になる動物病院が後にかかりつけになる可能性も高いため、口コミなどをもとに慎重に選びましょう。

動物病院へ行く

初めての受診は、
どんな子犬でも緊張するもの。
うまく誘導してください。

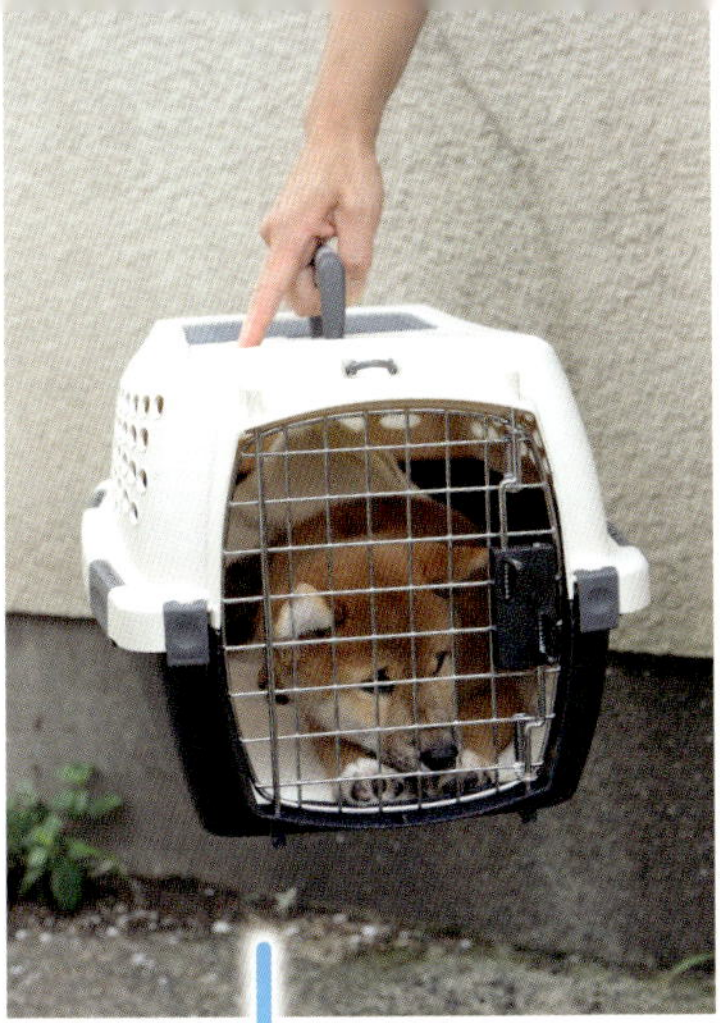

怖がらせないよう、クレートの持ち運びはていねいに。

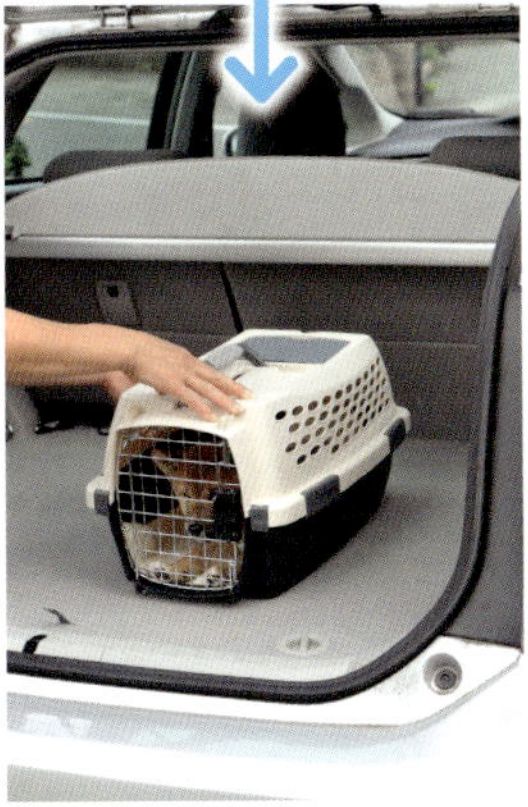

車内では、クレートが動いたり空気がこもったりしないよう気を付けて。

クレートに入れる

ワクチン接種前の子犬は外では地面に足をつけて歩けないため、クレートに入れて移動することになります。最初は抱え上げた状態からクレートに入れ、中にいる状態に慣らしていきましょう。クレートの中でおとなしくしていられるようになれば、災害時などにも役立ちます。

移動には車がおすすめ。トランクなどにクレートを入れてしっかりと固定しましょう。最初は短い距離から始めて徐々に長時間乗っていられるようにすれば、車でのお出かけも平気になります。

待合室での振る舞い方

動物病院の待合室では、ほかの動物や飼い主さん、獣医師に迷惑をかけないよう努めるのがマナー。感染症予防のためにも、子犬はクレートに入れたままにして、ほかの動物と接触しないように気を付けましょう。

初めて動物病院に来た子犬は緊張しているため、やさしく話しかけるなどして落ち着かせてあげてください。

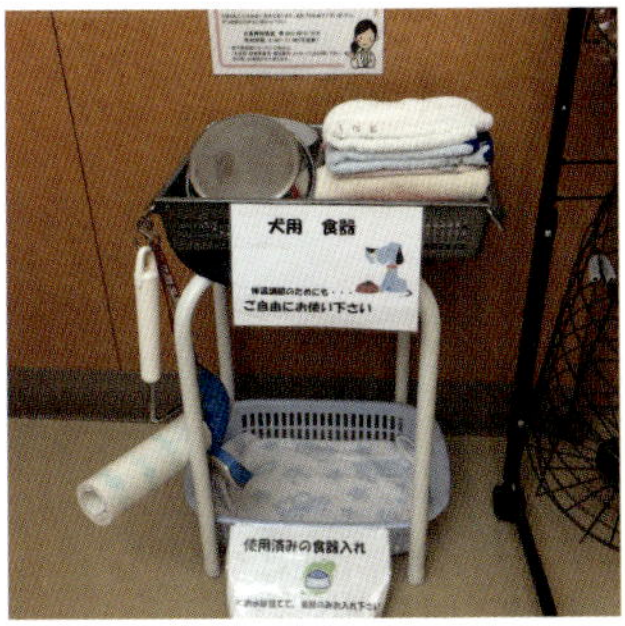

来院したペット用に、食器やタオルを貸し出しているところも。ワクチン接種後なら使っても良いでしょう。

初めての健康診断

子犬を迎えたら、なるべく早く（1か月以内）に健康診断を受けましょう。最初の健康診断では、子犬の体全体をひと通り診てもらい、現在の健康状態や持病の有無、体質を全般的にチェックします。

通常は目・耳・口・心音の確認と触診がメインで、血液検査やレントゲン検査は行いません。ただし異常が見つかった場合は、それらの詳しい検査を行うこともあります。

このときの診断結果が、毎日の健康管理の方針を決める指標となります。診断を行った獣医師に相談して、食事や運動、注意すべき病気についてアドバイスをもらいましょう。ブリーダーやペットショップから親犬の情報（病気の経験や体質）について聞いている場合は、それも伝えておくとより診断がしやすくなります。

場合によっては、最初の健康診断と同時に1回目のワクチン接種を行うこともあります。診察中やワクチン接種時は、獣医師や動物看護師と協力して子犬をしっかり保定（体を動かさないよう抑えること）します。初めての環境や体をさわられることで子犬は警戒していることが多いため、飼い主さんがそばで声をかけたりして安心させてあげてください。

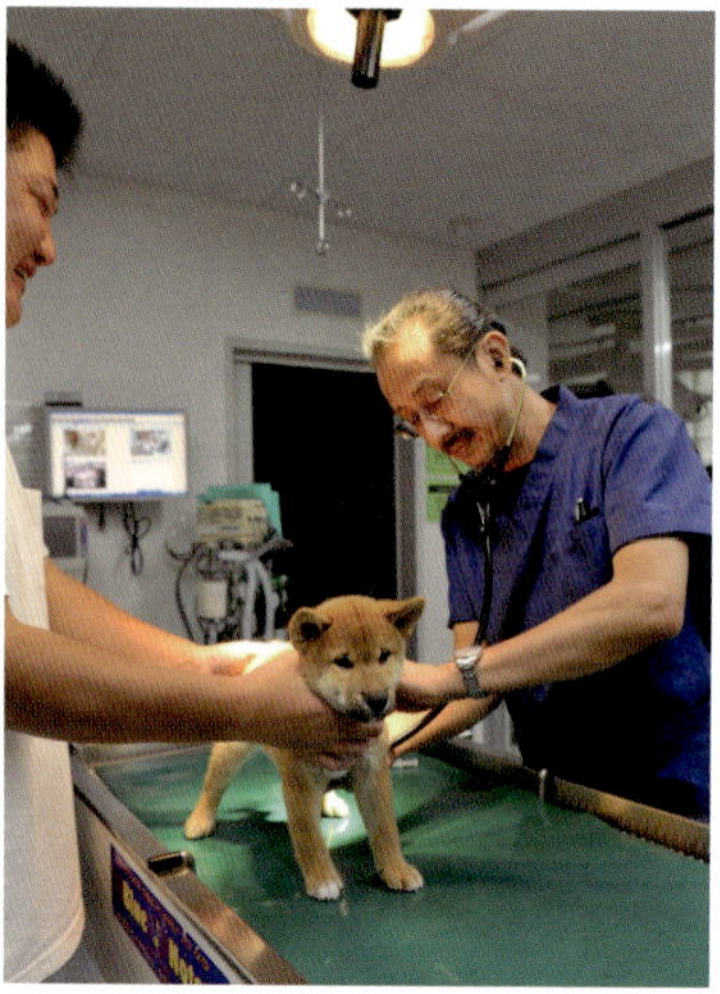

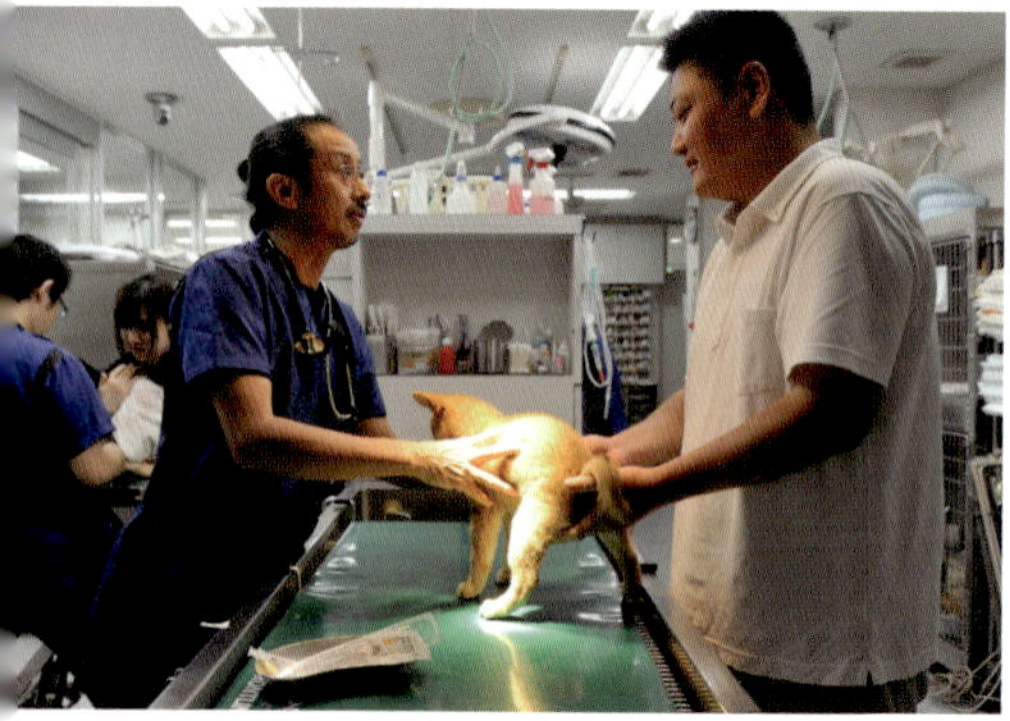

獣医師と飼い主さんが協力して診察します。保定は無理に押さえつけず、子犬を落ち着かせることを優先しましょう。

さわられることに慣らしておくと◎

ふだんからスキンシップを取って体をさわられることに慣らしておくと、初めての受診時もスムーズです。

ワクチン接種

時期や回数を確認し、
忘れないようにしましょう。

ワクチン接種によって予防できる病気

- 犬ジステンパー
- 犬パルボウイルス感染症
- 犬伝染性肝炎
- 犬アデノウイルス2型感染症
- 犬パラインフルエンザ
- 犬レプトスピラ感染症
- 犬コロナウイルス感染症
- 狂犬病

ワクチンの必要性

ワクチン接種（予防接種）とは、無毒化したウイルスや細菌またはその一部を体内に入れることで前もって抗体を作らせたり、免疫細胞にそのウイルスや細菌の情報を記憶させることによって、実際にウイルスなどが侵入してきたときにいち早く対応して病気を防ぐためのもの。ワクチンによって予防できる病気は多いので、きちんと接種して病気を防ぐことが飼い主さんの務めです。

予防できる病気

現在日本で行われているのは、狂犬病を予防するワクチンと、感染症を予防する混合ワクチンの2種類。このうち狂犬病は、「狂犬病予防法」という法律で3か月齢以上の犬に接種が義務づけられているため、必ず受けさせるようにしてください。

そのほかの狂犬病以外の病気のワクチンは通常は混合ワクチンの形で、とくに発生率が高い複数種類の感染症を予防できるようになっています。義務ではなく任意ですが、愛犬はもちろん周囲の犬と人の健康のためにも欠かさず接種するようにしましょう。

混合ワクチンには、5種混合ワクチンから9種混合ワクチンまでの種類があり、どれが適切かは環境や地域によっても異なるので、獣医師に相談してください。

ワクチン接種の受け方

狂犬病ワクチン・混合ワクチンの両方とも、1回ではなく定期的に接種するものです。ただしその時期は犬によって異なるほか、子犬のうちは複数回接種する必要があります。

ほとんどの子犬は、病気に対する免疫を母犬の母乳(初乳)からもらいます。この免疫は生後約2~4か月でなくなりますが、母犬からもらった免疫がまだ十分に働いているときにワクチンを接種しても効果がありません。いつなくなるかは個体差があり、免疫が切れたかどうかは見た目や行動では判断できないため、確実に効果を出すには生後約2~4か月のあいだに何回かに分けて接種する必要があるのです。

また、効果の出る時期にワクチンを接種したとしても、1年以上持続する強い免疫を作るためには2回以上の接種が必要になります。そのため、現在では初回接種から1年目以降は、毎年1回分追加で接種して、効果を確実にしておくことが安全だといわれています。左のチャートも参考に、獣医師と相談して愛犬にぴったりのワクチン接種計画を立ててください。

初めてのワクチン接種後は、元気がなくなってしまうことがあります。抱き上げてやさしくなでるなど、安心させてください。

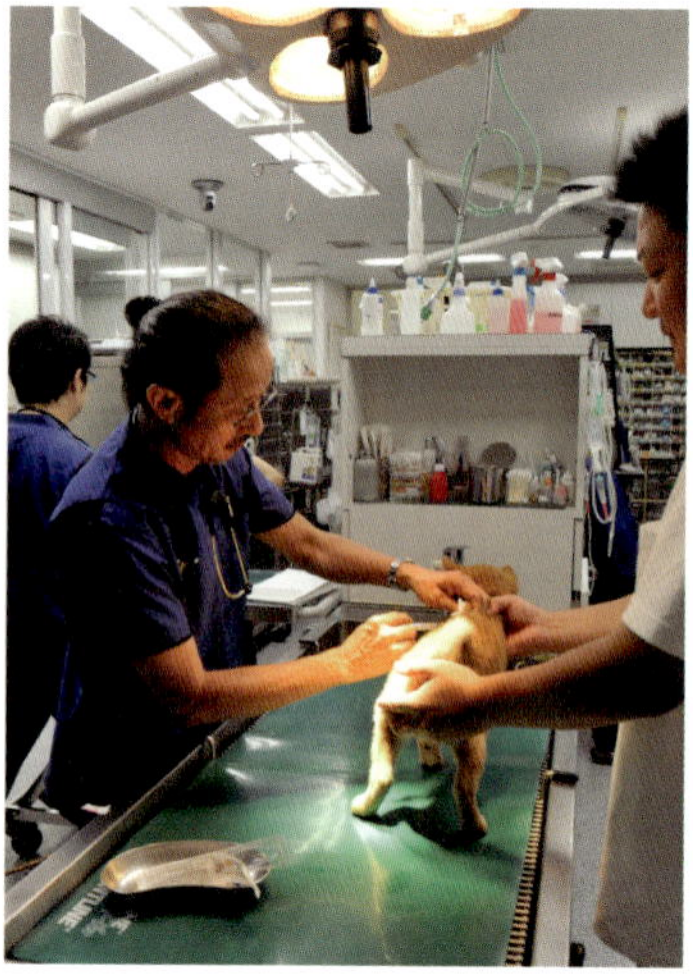

“社会化”ができる場・動物病院

動物病院は、診察や治療、ワクチン接種を行う以外に、ほかの犬と交流して社会化ができる場でもあります。待合室でふれ合うだけでなく、パピークラス（パピーパーティー）といって子犬同士を交流させる催しを開いている動物病院もあるので、ワクチン接種後なら無理のない範囲で参加させてみるのもおすすめ。犬との付き合い方を学べるほか、動物病院に行くこと自体を好きになるというメリットもあります。

ワクチン接種スケジュール

幼犬期に
いつ・どのワクチンを
接種すればいいのか、
チャートで確認します。

第1回

混合ワクチン

生後8週以上＆飼い始めてから14日以上に接種。

第2回

混合ワクチン

第1回目から3～4週間後に接種。

初回以降も、狂犬病ワクチンは混合ワクチンの3～4週間後に接種

狂犬病ワクチン

第1回目の混合ワクチン接種より3～4週間後（第2回目混合ワクチンとほぼ同じ時期）に、第1回目を接種。

第3回

混合ワクチン

第2回目から3～4週間後に接種。

一般的な接種の間隔は1年に1回

定期的に接種

混合ワクチン・狂犬病ワクチンともに、生後15～18週目以降は定期的に接種するようにしましょう。期間は獣医師と相談して決めてください。

保護犬を迎える

保護団体や行政機関で保護された犬を迎えるのも、選択肢のひとつ。その注意点と具体的な迎え方を紹介します。

保護犬について知る

保護犬の特徴と現状を確認します。

保護犬とは一般的に、何らかの事情でもとの飼い主と離れて動物保護団体（民間ボランティア）や動物愛護センター（行政機関）などに保護された犬のことを指します。もとの家族や悪質なブリーダーによる飼育放棄によって、放浪していたところを保護されるなど経緯はさまざまですが、人間不信に陥ったり健康上のトラブルを抱えている犬も少なくありません。

そうした事情から「保護犬を飼うのは難しい」というイメージで敬遠されることもあるようです。しかし実際は、もともと飼い主がいた犬も多く、適切に接すれば犬との生活を楽しむことができるのです。

その背景には、多くの保護団体や愛護センターで1頭でも多くの保護犬が新しい家族を見つけるために行ってきた、病気の治療やケア、警戒心をやわらげて人と暮らしやすくするといった活動の積み重ねがあります。

また、インターネットやSNSを通じた情報発信が簡単になったため、新しい飼い主（里親）の募集や保護犬の情報を伝えやすくなったのも大きな変化。多くの保護団体関係者が指摘しているように、大事なのは「この犬と暮らしたい」と思って迎えること。保護犬には人との暮らしになじみやすい、事前に性格を確認できるといったメリットもあります。あまりかまえずに、迎える犬を探すときの選択肢のひとつとして検討してください。

動物愛護センターでも、たくさんの柴犬が新しい家族を待っています。

保護犬の迎え方

保護犬を迎えるための、
基本のコースを
チェックしましょう。

※各段階の名称や内容は一例です。保護団体や動物愛護センターによって異なるので、申し込む前に確認しましょう。

申し込み

保護団体や動物愛護センターで公開されている保護犬の情報を確認し、里親希望の申し込みをします。最近は、ホームページを見てメールで連絡するシステムが多いようです。

どこに
どの犬がいるかは
随時変わるので、
まずは柴犬のいるところを
探しましょう

お見合い

メールなどでのやりとりを通じて飼育条件や経験を伝え、問題がなければ実際に保護犬に会ってみます（お見合い）。

譲渡会など保護犬とふれ合えるイベントも定期的に開催されているので、この機会にお見合いを行うのもおすすめ

相性の確認・検討

直接ふれ合って相性を確かめた上で、迎えるかどうか検討。保護団体によってはトライアル（試しに一緒に暮らしてみること）を行ったり、保護犬の生活空間（住居）を確かめることも。

譲渡前に、
飼い方について
簡単な研修を行うところも。
保護犬と里親の快適な
生活のためなので、
きちんと受けましょう

契約・正式譲渡

トライアルを経て改めて家族で話し合い、迎えることを決めたら正式に譲渡の契約を結び、自宅に迎えます。

保護犬を迎えるまで

里親希望者が気を付けたいポイントは次の通りです。

申し込み

里親の希望を出す前に、犬を飼った経験や飼育条件（生活環境や家族構成ほか）をまとめておきましょう。お見合いなど直接会う段階の前に、必ず担当者から聞かれるはずです。時には経済状況や生活スタイルの細かい点まで質問されることがありますが、里親と保護犬の快適な生活のために必要なことですので、できる限り対応してください。

また、人気のある保護犬だと複数の里親希望者が名乗り出ることがあります。そのときは団体（行政機関）側が希望者の飼育条件や希望者の姿勢をもとに最も適した人を選ぶことになりますが、選ばれなくてもあまり気にせず「ほかにもっとぴったりの犬がいる」と思うようにしましょう。

相性を確かめる

飼育条件の確認で問題がなければ、対象の保護犬と直接会って相性を見る段階（お見合い）に移ります。その犬を預かって世話をしている預かりボランティアのお宅を訪問する場合もあれば、保護団体が開催する譲渡会（里親募集中の保護犬とふれ合えるイベント。主に里親探しと保護活動に関する啓発のために行う）で対面を果たす場合もあります。先住犬がいるようなら、一緒に連れて行って犬同士の相性を確認しても良いでしょう。

先住犬との相性以外にも、ほかの犬にどう反応するかを確認しておくと安心。

初対面では保護犬は警戒していることが多く、すぐには近寄ってこないかもしれません。時間を置いて様子を見ましょう。また、預かりボランティアや担当者から、その犬のふだんの過ごし方や病気・ケガの回復状況、飼うときの注意などを直接聞いてみてください。相性や条件が合わなければ、ここで断ることもできます。

保護犬を迎えてから

生活がスタートしたら、できることを少しずつ増やしていきましょう。

保護犬との生活

事前によく確認していても、いざ迎えてみると思ったようにいかないこともあるもの。ブリーダーやペットショップから迎えるときも子犬が新しい環境に慣れるまでには時間が必要なのですから、保護犬も同じです。とくに柴犬は独立心が強い犬種なので、最初はあまり刺激しないであげましょう。

新しい環境に置かれた犬はまず、危険がないか周囲を一生懸命観察します。そのあいだは必要以上にかまわず、食事やトイレなど最低限の世話だけして、犬が環境に慣れて自然と寄ってくるまでそっと見守ってあげること。どれくらいで慣れるかはその犬によりますが、犬自身のペースに合わせることで信頼関係ができますので、気長に待ってみてください。

もし健康管理やしつけなどで壁にぶつかったら、もといた保護団体や動物愛護センターに相談してみましょう。多くの団体や行政機関では、譲渡後の相談を受け付けています。その保護犬を世話していた担当者やほかの里親さんが的確なアドバイスをしてくれるはずなので、柴犬を飼った経験があっても油断せず、協力を仰ぎましょう。保護犬には、今に至るまでに複雑な事情を抱えている犬もいます。それを幸せにするには、周りの人と協力して犬と向き合うことがカギになるのです。

第2の犬生を充実したものにしてあげましょう!

生活が落ち着いたら、保護団体に顔を出して近況を報告するのもおすすめです。

しばコラム
2

迎えるなら子犬？ 成犬？

近年は、保護犬の里親などで成犬を迎える機会も増えています。「犬を飼うなら子犬からがいい」という意見もありますが、実際はどうなのでしょうか。

「どうせ犬を飼うなら子犬から育てたい」という人が多いのは、単に「子犬がかわいいから」という理由だけではありません。幼いうちに新しい生活をスタートさせたほうが環境に慣れやすく、しつけもしやすいからでしょう。とくに柴犬はやや頑固で独立心が強い性格の犬が多いため、大人（成犬）になってから急に生活環境を変えると警戒してしまい、新しい飼い主さんを「主人」と認めないケースが多いともいわれます。

ただ、近年ではそうした傾向にも変化が見られます。ペットとして飼われる機会が増えたことが気質にも影響し、穏やかな性格の柴犬も増えてきているのです。もちろん、多少穏やかになっても柴犬は柴犬。飼い主とも一定の距離を置いていますが、それでも「決まった主人にしか気を許さない」といった、古き良き武士のような堅さが若干薄れてきているのかもしれません。また柴犬に限りませんが、インターネットやSNSの普及によって犬との接し方やしつけの悩みについて一般の人が調べたり経験者に相談したりしやすくなったのも、成犬を飼いやすくなった変化の一因のようです。

最近では成犬やシニア犬から迎える人も珍しくなく、「成犬のほうが落ち着いていて飼いやすい」という意見も聞かれるほどです。どの年代でも、一緒に暮らすとなると、その犬ならではの難しさと魅力があるもの。選択肢の幅を広く持ったほうが、“運命の相手”と出会える確率が上がるのではないでしょうか。

Part3

柴犬のしつけとトレーニング

「独立心が強く、飼い主の言うことを無条件に受け入れない」といわれる柴犬。その性格をきちんと把握した上で、一緒に生活するためのしつけをすることが大事です

柴犬の行動理由を知る

動物行動学をもとに、柴犬の行動の背景にある気持ちを
考えてみましょう。

柴犬の個性

まずは、柴犬ならではの
気質と注意点を
確認します。

自立心の強い犬種

今も昔も不動の人気を誇る柴犬ですが、「気難しい」、「人に懐きにくい」というイメージを持っている人も多いようです。確かに柴犬は洋犬と比べて自立心が強く、長年一緒に暮らしていても飼い主と一定の距離を保つ場合が多いといわれます。

しかし、飼い主さんが愛犬の気持ちを察して適切な接し方をすれば、信頼関係を築くのはけっして難しいことではありません。「噛む」、「吠える」といった悩みもよく聞きますが、それらのほとんどは犬にとって正当な理由があっての行動。原因を取りのぞけば解決することが大半です。

「犬を下に」は誤解

柴犬に限らず犬全体について「相手を自分（犬）より下だと思うと言うことを聞かないため、厳しく接して飼い主が優位だと教えなくてはいけない」と広く信じられていますが、これは誤解です。最近の研究では、犬は犬同士の群れの上下関係を人間の家族には持ち込まないことがわかっています。

また、犬の祖先と考えられているオオカミでも、ピラミッドのような上下関係があるわけではありません。柴犬も同様だと考えて良いでしょう。

接し方の心得

柴犬の特性を踏まえて、
適切な接し方を
探りましょう。

愛犬と信頼関係を築くために、また犬自身のストレスを少なくするためにも、なるべく嫌がることをしないのが鉄則です。いちばん大事なのは、愛犬の領域を不用意に侵害せずに、時間をかけて「この人は自分を脅かすものではない」と理解してもらうこと。その気持ちが伝われば、心を開いてくれるはずです。

　次の4つのポイントをもとに、愛犬を尊重したアプローチを心がけましょう。

1 “犬らしさ"が強いことを把握する

柴犬はオオカミに近い遺伝子を持ち、野生の名残があるという生物学的事実があります。人に簡単には懐かないのもそのためといわれますが、あせらず時間をかけて慣らしていけば、信頼関係を築くことは十分可能です。

2 行動の背景にある気持ちを考える

一見「問題行動なのでは？」と思える振る舞いにも、その背景には切実な理由があるはず。「犬種の特徴」と片付けてしまわず、愛犬がどんな気持ちなのかを考えてあげてください。

3 優位に立とうとして厳しくするのは逆効果

飼い主さんが群れのボスのように強圧的に接しても、柴犬が言うことを聞くとは限りません。逆に、恐怖や反発、ストレスを感じて関係が悪化する可能性が高いのです。厳しくするより、「愛犬が何を望んでいるか（嫌がっているか）」を察してそれに応える姿勢を持ちましょう。

4 「寝床・食べもの・自分の体」はとくに大事なことを理解する

犬にとって寝床や食べもの、自分の体は、自分の命を守るために不可欠なもの。そのため、食事中にフードボウルに手を出したり、嫌がっているのに体をベタベタさわったりすると「他者に脅かされた」と感じ、飼い主さん相手でも噛む・吠えるといった強い反発を見せることがあるのです。

　とくに柴犬は、ほかの犬種よりその傾向が強いといわれます。それらが大事なものであることを理解して、無遠慮に手を出さないようにしましょう。

「問題行動」を考える

柴犬に多い「問題行動」を取り上げて、
理由と対策を紹介します。

スキンシップを嫌がる

子犬のころから
さわられることに慣らして
おくのがベストです。

解説

柴犬と日常的にスキンシップを取れるようにするには、警戒心の低い子犬のころに慣らすことが重要です。子犬のうちに免疫をつけておくことが後々犬のためにもなるため、無理のない範囲で接触して慣らすのがおすすめ。ただし、犬が嫌がっているときはストレスを与える可能性があるので、控えたほうが無難です。

対策

柴犬は早熟でほかの犬種より警戒心を持ち始める時期が早いといわれています（生後2～3か月）。つまり、早く大人になってしまうので早めに慣らすことが必要。さわらせてくれたらおやつをあげるなどして、「嫌なことではない」と覚えさせましょう。口元など嫌がりやすい部位も慣らしておくと、お手入れに便利。なるべく多くの人とふれ合わせましょう。

とは言え、柴犬はあまり飼い主さんにべったりと甘える犬種ではありません。あまりしつこくすると本当に嫌になってしまいますので、あくまで節度を持ってほどほどに。

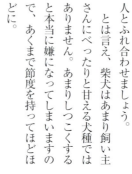

噛む

犬が恐怖や痛みを感じている可能性もあるので、まず原因を確認してください。

解説

甘噛み以外で犬が人やものを噛む行為は、その原因によってタイプに分けられます。主なタイプは次の通り。

- ●なわばり性（なわばりを守ろうとする）
- ●捕食性（対象を食べものと思う）
- ●恐怖性（怖がっている）
- ●疼痛《とうつう》性（体に痛いところがある）

いくつかのタイプが組み合わさって噛みつきという行動につながることもあり、何が原因かはわかりにくい場合もあります。そのときの状況や愛犬の様子をよく観察し、原因を探ることが重要です。たとえば、体の特定の部位をさわられたときに反応するようならケガや病気の可能性もあるので（疼痛性）、動物病院を受診する必要があります。

また、「噛んじゃダメ！」と頭ごなしにしかるのはNG。とくに恐怖性の噛みつきのケースでは余計に犬の恐怖心をあおってしまうので避けましょう。

対策

成犬で噛むクセがある場合はやめさせるのが難しいため、ドッグ・トレーナーなど専門家に相談したほうが確実です。子犬のうちは、遊びたくて歯を当ててくることがあります。そうしたときのしつけは、次のように行うこともできます。

オモチャを犬にくわえさせて遊ぶ

↓

手に歯が当たったら（噛んだら）「イタイ！」と声を出し、オモチャを動かすのを止める

↓

手を止め、犬から目を反らした状態で20〜30秒待つ

↓

遊びを再開する

※オモチャは、人がつかめるロープなどがおすすめ。

これを繰り返すと犬は「歯を当てると遊びが中止される＝つまらない」と理解し、徐々に歯を当てなくなります。また、休んでいるときにはそっとしておくなど、犬のペースを乱さない気遣いができれば、問題行動も起きにくくなるはずです。

吠える

犬として自然な行為ですが、ある程度コントロールできるようにしておくと快適です。

解説

吠える原因も「噛む」と共通しているところがあり、人や犬を怖がる（恐怖性）、外敵から身を守ろうとしている（なわばり性）といったタイプに分かれます。愛犬をよく観察して、何が引き金となって吠えるのかを見つけましょう。

柴犬の場合で特徴的なのは、ドアホンや来客に反応して吠える犬が多いこと。これは「自分のなわばりによそものが入ってくる！」という警戒心の表れなので、危険がないことをわからせて安心させることが大事です。

対策

ドアホンなどに反応する犬は、クレートやケージを「安心できる場所」と教えて、家に人が来たときにその中に誘導するトレーニングがおすすめ。訪問者の姿を見せないことで、「よそものが来た」ことを意識させずに済むのです。しかりつけると余計に興奮させてしまうので、やめましょう。

“フードガード”の対策は

食事中にフードボウルに手を近づけると怒って吠えたり噛みついたりする反応を「フードガード」と呼び、柴犬によく見られます。これは、自分の食べものを守ろうとする気持ちによるもの。愛犬が食事をしている途中でボウルに少しずつフードを足すなど、「飼い主さんが手を近づける＝良いことがある」と思わせると防げます。ボウルに手を近づける際は、犬の反応に注意して。改善が見られない場合は、ドッグ・トレーナーなどに相談を。

"反抗期"で言うことを聞かない

急に言うことを
聞かなくなる"反抗期"は、
慌てず落ち着いて対応を。

解説

柴犬は、オスメスともに生後6～8か月で性ホルモンが出始め、性的な成熟期を迎えます。そうすると、飼い主さんから異性をはじめとしたさまざまな対象に興味が移り、一時的に言うことを聞かなくなるため、飼い主さんからすると「反抗している」と見えてしまうことがあります。

飼い主さんのなかには「いろいろできるようになったのに無駄になってしまった……」と思う人もいるかもしれませんが、けっしてそれまで教えたことや築き上げた信頼関係がなかったことになるわけではありません。怒ったり無理に押さえつけようとせずに、根気強く一貫した接し方を続ければ教えたことがまたできるようになり、より絆を深めることも可能。

また、犬が生殖を意識し始めると、マーキングを頻繁にしたり、クレートなど寝床に近づかれることを嫌がるようにもなるので気を付けてください。

対策

いちばんの対策は、性成熟を迎える前に不妊・去勢手術を受けさせることです。子犬を迎えるときに「いつごろまでに手術を受けさせるか」を考え、計画を立ててください。もちろん不妊・去勢手術をしなくても一緒に暮らせますが、マーキングなどの行動が習慣にならないよう、地道なトレーニングを続けることが大事になります。

この時期の犬は性ホルモンの影響で今までにない感情を抱くようになるため、温和な犬でも攻撃的な態度を取ることがあります。飼い主さんが落ち着いて、愛犬を刺激しないようにていねいなケアを。

ほかの犬と接触する際も注意が必要です。同居犬や散歩中に遭遇するよその犬とは、なるべく距離を保って、どちらかが緊張しているようなら無理に近づけないようにしてあげましょう。ケンカの危険がある上に、愛犬にストレスがかかってより反抗的になってしまうことがあります。

柴犬の基本のしつけ

「マテ」など基礎のコマンドも、
柴犬特有の性格に配慮して教えるとスムーズです。

“サイン”をチェック

感情のサインをよく観察して、
負担をかけないように
接しましょう。

耳

横に伏せるのは「うれしいときや不安なとき」、前のめりになるのは「緊張していたり興味があるものに集中しているとき」。状況やほかのサインも考慮して、どの感情なのかを読み取りましょう。

背中

こわばっていたら、緊張しているサイン。体を軽くなでてみるとよくわかります。

目

目線の先やまばたきの頻度に注目。1点を見つめたまままあまりまばたきをしなくなったら、集中している証。

口吻

ぴったり閉じていたり、あくびをしているのは緊張している可能性あり。リラックス時はわずかに開いています。

しっぽ

うれしいときには全体を大きく振ります。先端だけ細かく振ったり、高く上げたまま静止しているのは緊張・警戒しているのかも。不安なときは、肛門を隠すように密着させます。

基本のほめ方

コマンドを教える前に、
うまくできたときのほめ方を
確認しておきましょう。

下から手を近づけ、あごを軽くなでます。柴犬は声に反応しやすいので、楽しげな声をかけてあげましょう。

頭上から手を近づけると、警戒されてしまいます。慣れていないうちは、できるだけ下側からふれましょう。

おやつを使うのも効果的。難しいことができたときは、いつもより豪華なものをあげてください。

うまくできなくても、マズルをつかんだりして強くしかるのはNG。反抗心を刺激してしまい、逆効果になります。

体をさわられるのが苦手な柴犬が多いので、なでるときにあまりしつこくすると嫌がられます。

オスワリ

落ち着かせたいときなどに
使えるので、
最初に覚えさせておくと便利。

1 鼻先におやつを近づけ、ニオイを嗅がせます。

2 「オスワリ」と声をかけながら手を犬の頭上に持っていき、自然とお尻が床に着いてオスワリの体勢を取るように誘導します。

3 お尻が床に着いたら、ほめながらおやつを与えます。

しつけをしやすい時期は?

柴犬はほかの犬種よりも精神的な成長が早いため、自我が形成される生後3か月ごろには基本的なしつけを教えておくのがおすすめ。それ以上になるとしつけが入りにくくなるといわれます（ほかの犬種は生後6か月〜8か月ごろまで可能）。

ただ個体差もあるため、成犬でも問題なく覚えられる犬や、教え方を工夫すればできる場合もあるので、その月齢を過ぎてもあきらめずに挑戦を。

マテ

逃走防止にも役立つので、
しっかり教えておきましょう。

オスワリ！

1 リードを付けた状態で、飼い主さんの前でオスワリをさせます。

マテ！

2 「マテ」と声をかけて、リードを持ったまま飼い主さんが犬の横まで移動。犬が動いてしまったら、元の位置に戻して①からやり直します。

イイコ！

3 じっとしていられたら、すぐにおやつをあげてほめましょう。

マテ！
1秒でも長く待てる
ようになったら、
そのたびに
ほめましょう

4 ①〜③がスムーズにできるようになったらリードを手から離して、犬と飼い主さんのあいだの距離や待っている時間を伸ばしていきます。

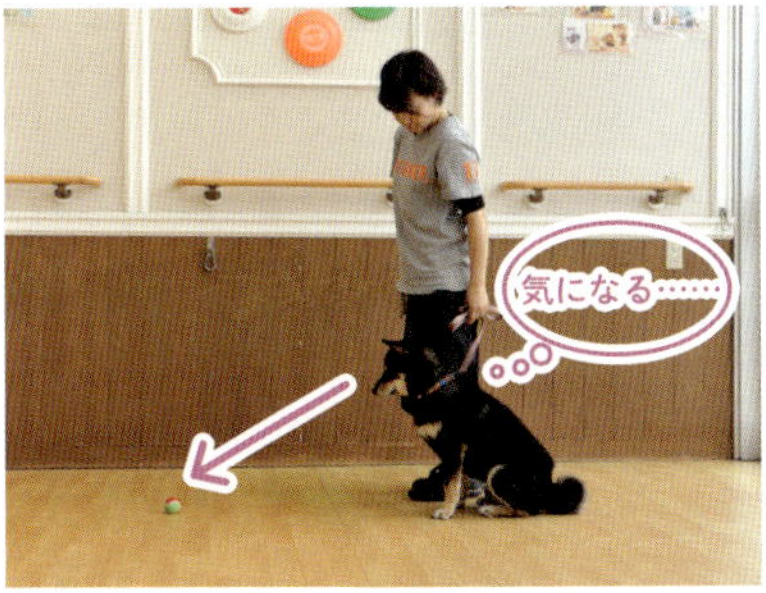
気になる……

5 ④ができるようになったら、飼い主さんが犬の視界から外れたり、あえて目の前にオモチャを置いてもマテができるように練習します。

オイデ

「呼び戻し」は、
お出かけ先など屋外での
安全確保に役立ちます。

1 リードを付けた状態で飼い主さんが少し離れて立ち、犬におやつを見せながら「オイデ」と声をかけて呼び寄せます。

飼い主さんより少し
手前で止まることも。
犬自身は「来たつもり」なので、
ほめてあげましょう

リードを無理矢理引っ張るのはNG。あくまで犬が自分の意志で来るように誘導するのがコツです。

2 犬が近くに来たら、おやつをあげてほめましょう。おやつがなくてもできるようになるまで繰り返します。

愛犬が逃げ出したときの対処法

散歩中など万が一愛犬が逃げ出したときは、すばやく「マテ」や「オイデ」で動きを止めます。

柴犬はもともと猟犬だったため行動範囲が広く持久力もあり、脱走すると遠くまで走って行って迷子になる危険性が高いので、注意が必要。「マテ」、「オイデ」のコマンドをしっかり教えて、いざというときに備えましょう。

シチュエーション別対策

首輪の着脱やもの・人への警戒など柴犬に多いお悩みも、ふだんから慣らしておくと防げます。

首輪の付け外し

首周りをさわられるのが苦手な柴犬は多いもの。おやつで注意を反らしながら慣らしましょう。

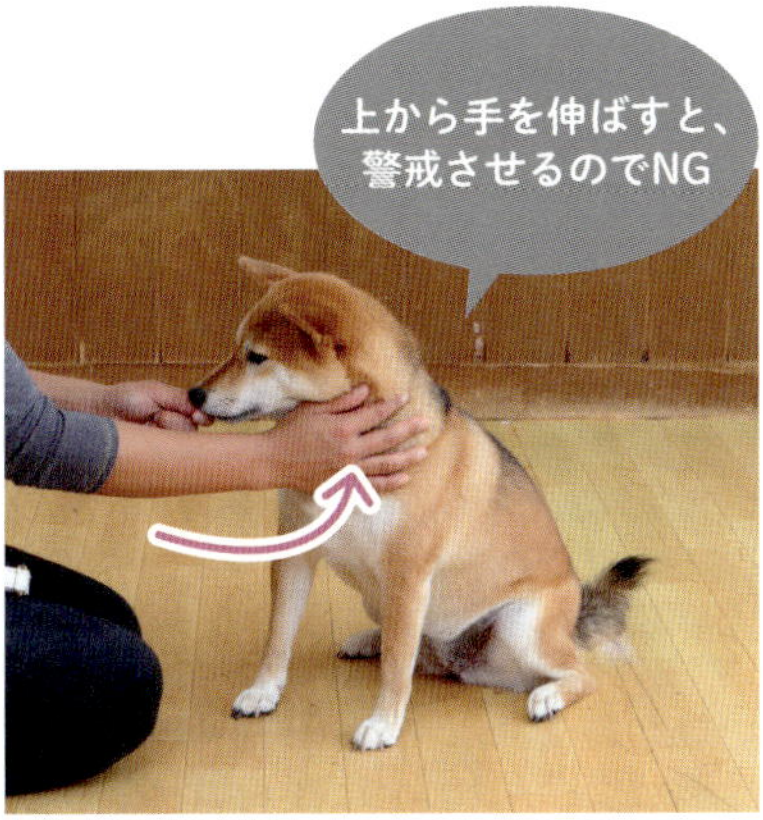
上から手を伸ばすと、
警戒させるのでNG

1 鼻先におやつを持っていって食べさせながら、逆の手で少しずつ首周りをさわります。さわるときは必ず手を下から近づけましょう。

2 ①ができたら、首輪を持った手で首周りをさわります。片手でおやつを与えて気をそらすのを忘れずに。

嫌がるそぶりを
見せたら、すぐに
やめましょう

3 首輪を当てても平気になったら、おやつを食べているあいだにさっと装着します。

ものや人に慣らす

ものや人を怖がるときは、その対象のニオイを嗅いで確認すると落ち着くことがあります。

もの
最初はおやつを指に挟んだ状態で始めます

1 まずは「飼い主さんが犬の目の前に手を出す」→「鼻先でタッチしてニオイを嗅ぐ」という一連の動作を教えます。

くんくん……

2 ①ができるようになったら、手を怖がっている対象（ここでは掃除機）に近づけます。飼い主さんの手を嗅ぐのと同時に掃除機のニオイもチェックできます。

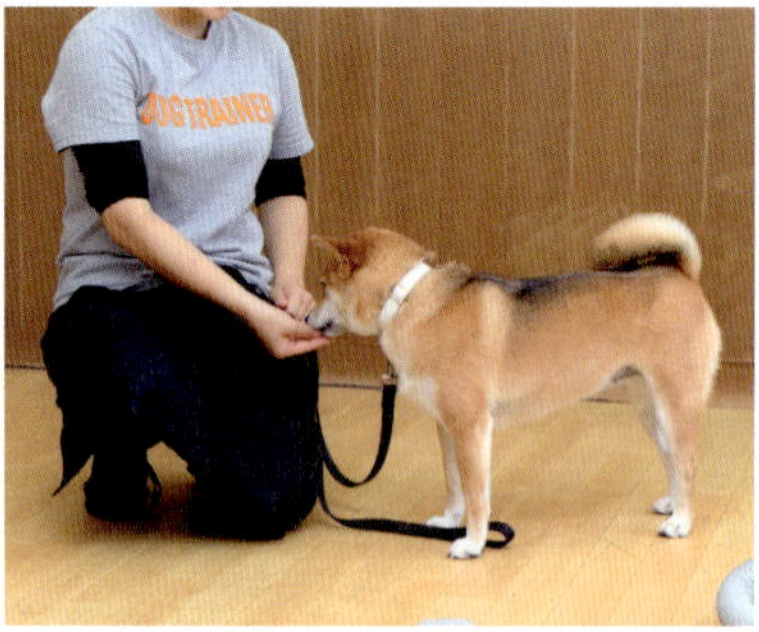

3 うまくできたら、掃除機から離れたところでおやつを与えましょう。怖いものの近くで与えるのは、犬にとってストレスになるのでNG。

人
くんくん……

1 ニオイを嗅がせるために、飼い主さんがその人の近くに手を出します。ものの場合と同じで、自然に人のニオイを嗅がせることができます。

その人の手からもらうと警戒させてしまうので×

2 うまくできたら、その人から離れた場所でおやつを与えてほめます。これを繰り返すことで、徐々に慣れていきます。

散歩のコツとマナー

リードを引っ張ったりほかの犬を威嚇したりと、
心配事の多い柴犬の散歩。
安全で楽しい散歩のコツを紹介します。

散歩時のポイント

まずは装備や
持ちものをチェック。

散歩バッグはコンパクトに

多くのものを持ち歩くと、とっさに目当てのものが取り出せなかったり、荷物になってしまいます。ふだんの散歩なら、トイレグッズと水があればOK。

リードの長さも確認

リードの長さは、人や車の多い場所では1.2m程度が最適。公園など広い場所でも、2m程度を目安にしましょう。出発前に、金具が緩んでいないか確認。

靴は動きやすさを重視

スポーツ用のスニーカーなど、歩きやすく汚れても気にならない靴を用意しましょう。

首輪は丈夫なものを

首輪と犬の首のあいだに指1本が入るくらいのサイズで、丈夫なものを選びましょう。ベルトタイプがおすすめですが、締め付けすぎないよう注意。

基本の歩き方

リードを引っ張らせないように、
スマートな歩き方に
誘導しましょう。

1 リードを持つときは首元に少し余裕を持たせて、リードが張らないように気を付けましょう。

2 鼻先におやつを出して、飼い主さんの横に付いて歩くように誘導します。

リードがピンと張った状態だと、犬の首を締め付けてしまいます。

3 そのまま、犬の位置や様子を見ながら歩き続けます。犬の位置はぴったり真横でなくても、飼い主さんの前後犬1頭分までは許容範囲。

4 前方から車が来るなど危険があるときは、犬の前に飼い主さんが体を出して動きを止めてください。

リードの引っ張りを防ぐ

リードを引っ張る癖は、
おやつを探す簡単なゲームで
コントロール。

1 ポーチをいくつか用意してそのうち1つにだけおやつを入れ、犬に見せて「ポーチの中におやつが入っている」ことを示します。

2 ダミーのポーチをいくつか並べておやつ入りのポーチを紛れさせます。その状態で犬に探させて、見つけられたら中のおやつを与えましょう。

3 室内に慣れたら、家の前などでもやってみましょう。さまざまなニオイがあってもおやつのニオイに集中できれば、散歩中も安心です。

4 散歩中に犬が怖がったり興奮したりしたら、持参したおやつ入りポーチを近くに置きます。それに反応して、ほかのものへの過剰な反応を抑えられます。

5 ゲームにまだ慣れていないときやポーチがないときは、引っ張られたらその場で止まって犬を落ち着かせましょう。広い場所なら、逆方向に誘導するのもひとつの手段。

ほかの犬とすれ違う

ほかの犬を警戒してしまうときは
相手から意識をそらして、
うまくすれ違うことを優先します。

パターン①

1 ほかの犬が前方からやって来たら、まず愛犬の様子をチェック。興奮しているようなら、できるだけ相手から離れた位置で通り過ぎます。

パターン②

1 狭い道などでは、犬同士の距離が近くなってしまいます。

2 すれ違う少し手前で名前を呼ぶなどして、飼い主さんに意識が向くようにします。

3 飼い主さん同士が隣り合うことで、うまくすれ違うことができました。

2 飼い主さんがあいだに入って“壁”となり、相手の犬と距離を取ります。

ほかの犬とあいさつする

ある程度落ち着いた状態なら、
あいさつにチャレンジ。

1 愛犬と相手の犬の様子を見て落ち着いていれば、慎重に近づいてニオイを嗅がせます。

犬同士が見つめ合っていたり体が固まっているときは警戒しているので、無理に近づけてはいけません。

2 柴犬のあいさつは短めなので、体の横や後ろから軽く嗅がせる程度でOKです。

警戒心が強いのも、
独立心旺盛な柴犬の
個性によるもの。無理に
仲良くさせようとせず、
適度な距離を保って
あげましょう

トイレ・トレーニング

柴犬には「外トイレ派」が多いですが、室内でもできるようにしておくとシニア期などに安心です。

室内トイレで快適に

室内でできるようにするとどんな良いことがあるのか、おさらいします。

柴犬をはじめとする日本犬は、散歩時に外で排泄するケースが多いもの。その理由は排泄以外にマーキングも目的にしていたり、きれい好きなので「自分のテリトリーを汚したくない」と思う犬が多いためだと言います。

しかし、それでは飼い主さんや柴犬自身が病気やケガをしてそれまで通り散歩に行けなくなったときに困ります。外でも室内でも排泄できるようにしておけば、時と場合に応じて犬自身が「外か室内か」を選べるのです。

室内トイレのメリット

- □ 無理に散歩に行く必要がないので、犬や飼い主の体調、天候を気にしなくて済む
- □ 犬がシニアになって寝たきりになっても苦労しない
- □ 犬が好きなときに排泄できるので、ストレスが少ない
- □ 飼い主が排泄物の状態をチェックしやすく、健康管理に便利

外だけだと、
散歩に行けなかった
ときにちょっと
ツラいかも……

トレーニング前に

愛犬の習慣をチェックした上で、
室内トイレの最適な練習法を
考えましょう。

柴犬の好みを知る！チェックシート

Q1

マーキングを頻繁にしますか？

☐ Yes　☐ No

マーキングをよくする犬（主にオス）にとって、外でのトイレには「排泄」＋「なわばりチェック」の意味があります。排泄とマーキングが頭の中でセットになっているあいだは、室内でも足を上げてしたがるようです。

Q2

散歩の時間は正確に決まっていますか？

☐ Yes　☐ No

散歩の時間が正確なほど、それに合わせて排泄する習慣が身についています。室内でトイレに誘導しても「お散歩の時間までは……」と我慢してしまうことが多いでしょう。

Q3

排泄する際、特定の声がけをしていますか？

☐ Yes　☐ No

外で排泄するときでも、飼い主さんが「シー」や「ピッピッ」など決まった声がけをすることで「言われたところでトイレを済ませる」ことが認識できるようになります。

Q4

ウンチをする場所の好みを知っていますか？

☐ Yes　☐ No

オシッコより、ウンチをする場所にこだわる犬が多いもの。室内でも、できるだけ愛犬好みの場所にトイレを設置することが成功への近道です。

Q5

愛犬は成犬？　子犬？

☐ Yes　☐ No

トイレ・トレーニングは子犬のうちから始めたほうが、短時間で成果が期待できます。子犬は外での排泄経験が少ないぶん、室内でのトイレを受け入れやすいのです。

結果から、愛犬のトイレ
習慣や好みを
見つけましょう！

例　毎日必ず、朝7時と夕方6時がお散歩（＝トイレタイム）。

↓

その時間にうまく室内のトイレに誘導する

小さいとお尻がはみ出して「トイレでしたつもりだったのに失敗！」なんてことも

真ん中に立ったとき、ゆとりを持って体全体が納まる大きさがあることが基本。

環境を整える

愛犬が「ここでしてもいいかも」と思えるような、居心地の良いトイレ環境を整えてあげましょう。

×

明るい窓際などは、明るさや音、動くものなどの刺激が多いため集中できません。

○

光や音などの刺激が少なく、あまり人目につかない落ち着く場所を選びましょう。部屋の端など、人の行き来が少なく静かなところがおすすめです。

「自分のテリトリーは汚したくない」というきれい好きが多い柴犬。トイレは、ふだんくつろぐ場所からある程度離しておきましょう

形

頻繁にマーキングをする犬は、最初のうちは室内でも足を上げたがります。トイレの周りをサークルなどで囲んでペットシートを貼るなどの対策が有効です。

トレーニング

**時間のあるときに集中して
取り組むことが成功の近道です。**

1 散歩の時間に合わせて排泄するリズムができている犬は、あえて散歩に行かない（時間を遅らせる）ようにしてトイレへ誘導します。

コマンドが入っていない犬は、まず外で排泄するときに声がけするところから

2 排泄のコマンドが決まっていれば、それと同じ声がけを。これまで自由に排泄してきた犬も、排泄のコマンドを決めましょう。

3 成功したら、すぐにほめます。ごほうびをあげながらほめるのがポイント。「排泄のスッキリ感」＋「ほめられた幸せ」で、室内での排泄に良いイメージを持たせましょう。

子犬の場合は……

愛犬が子犬でまだ外でのトイレ習慣がついていないときは、ふだんの様子から排泄しやすいタイミングを見計らってトイレに誘導しましょう。寝起き、体を動かして遊んだ後、水を飲んだ後などが可能性の高いタイミングです。

トイレに誘導したら、排泄のタイミングに合わせて抱っこしてトイレに載せてやってもOK。うまくできたら、成犬と同様にほめてあげましょう。

トレーニングの心がまえ

「1回や2回で簡単にできるものではない」と覚悟して、愛犬としっかり向き合ってあげてください。

トイレに限らず、一度身についた習慣を変えるのは難しいもの。とくに柴犬のようにこだわりのある性格の犬は、なかなか思うようにいかないかもしれません。トイレに誘導しても排泄してくれなかったり、トイレ以外の場所でしてしまうこともあるでしょう。そんなときは「やり方が間違っているのでは……」と不安になるかもしれませんが、あせる必要はありません。繰り返すことで、少しずつ新しい習慣を身につけられるはずです。

トレーニングを成功させる心得

トイレシートに犬のニオイを

なかなか室内トイレで排泄したがらない犬には、トイレシートに犬のニオイ（自分でもほかの犬でもOK）の排泄物のニオイを少しだけ付けておくと効果的。

散歩中の誘導から始めてもOK

どうしてもトイレでしてくれないようなら、まずは散歩中にオシッコして良い場所を飼い主さんが決めてそこでするように誘導するなど、メリハリをつけるところから始めましょう。

失敗はなかったことに

トレーニングに失敗はつきもの。愛犬が失敗してトイレ以外の場所にしてしまったときにしてはいけないのが、しかったり大騒ぎしたりすること。何事もなかったかのように、穏やかな態度でやり過ごしましょう。

後片付けする姿は見せない

失敗した後、飼い主さんが後片付けをする姿は愛犬に見せないように注意。「飼い主さんがきれいに片付けてくれるから、どこでしてもいい」なんて勘違いをさせる可能性があるのです。

根気良く繰り返す

1回のトレーニングにかかる時間は犬によってまちまちですが、「1〜2回教えたらできた」なんてことはあまり期待できません。あきらめず、愛犬の将来の快適な生活のために根気良くチャレンジしてください。

一度覚えれば、
愛犬も飼い主さんも
ぐっと楽に
なります！

尾追い行動の謎

**柴犬によく見られる、自分のしっぽを追いかけ回す行動。
ひどいようなら心や脳の病気かも……。
最新の研究をもとにその謎に迫ります。**

しっぽを傷つけても
やめない
何をしても
やめさせられない
“キレた”ような状態でくるくる回る

こんな尾追いは要注意

「遊び」とそうではない
場合があるので、見きわめを。

深刻な「尾追い行動」

犬が自分のしっぽを追いかけてくるくる回るという光景は、「自分のしっぽで遊んでるんだな」とほほ笑ましく思われることも多いようです。子犬が遊びで自分のしっぽを追いかけたり、成犬でも静かに回ったりたまに回るぶんにはあまり問題はありません。でも、その程度がひどいようなら要注意。

うなりながら（怒りながら）しっぽを追いかけている、しっぽの毛をむしる、しっぽそのものを噛みちぎったりする、興奮すると止めることができない、飼い主が手を出そうものならその手を噛んでしまう……。こうなると正常ではない行動と考えられ、しつけやトレーニング、または飼い主さんが単独で改善していくのは非常に難しくなってしまいます。

とくに興奮して自分のしっぽを追い続ける行動（尾追い行動）は、柴犬に多く見られるといわれています。ここでは、動物行動学に基づいた研究の現状と治療について取り上げます。

尾追い行動の分類

尾追いにはさまざまな原因がありますが、大きく以下のように分類できます。

尾追い行動

正常なもの

遊びの延長、転位行動（一時的なイライラや不安な気持ちを紛らわすための行動）

常同障害

人間で言うところの「強迫性障害」（わかっていながら同じ確認や行為、思考を繰り返してしまう病気）に近い。しっぽを気にして散歩でうまく歩けない、しっぽを噛んで傷を追うなど生活に支障が出る

てんかん

脳が電気的に興奮し、体がムズムズする、幻覚が見えるなどの感覚異常や性格の変化が起こり、それが尾追いにつながることがある

その他

皮膚炎によるかゆみや何らかの原因による痛み、末梢神経の障害などでしっぽを気にして追うことがある

てんかん由来の尾追い

意外と多いのが、「てんかん」が原因となっているケースです。

全体の半数を占める

「てんかん」というと、「突然倒れて意識を失う」というイメージが強いと思いますが、実際にそうなるのは全体の半分くらい。残りの半分では感覚異常（体がムズムズする、幻覚が見えるなど）、体の一部分がけいれんする、性格が変化するといった症状が見られることがあります。つまり、しっぽがムズムズするからつい追いかけてしまったり、後ろに何か幻覚のようなものが見えているためにそれを追っている場合もあるということです。

　とくに何の刺激やきっかけもなく、たとえば「寝ていたのにいきなり興奮してしっぽを追いかけ出す」というパターンなら、てんかんの可能性があるようです。てんかんの性質を持っているかどうかは、脳波を検査することでわかります。

　東大附属動物医療センターを尾追い行動で受診した柴犬を調べてみると、その8割で脳波に異常が見られました。さらにそのうちの7割では、抗てんかん薬による改善が見られました。つまり、全体の約半数が「てんかん由来の尾追い行動」を示していたということが言えます（これは他犬種でも同じくらいの割合です）。合う抗てんかん薬が見つかって尾追い行動が減少すると、ほかの問題行動の治療も実施しやすくなる傾向にあります。

常同障害が原因の尾追い

「しつけの問題」ととらえられがちですが、病気が潜んでいることもあります。

病的にしっぽを追う

「常同障害」は、「つねに同じ行動をとる障害」という意味で、人間の「強迫性障害」に似た疾患と考えられています。人間の強迫性障害の症状としてよく知られているのが、「とにかく手を洗わずにはいられない」ということ。ひどくなると1日じゅう手を洗っていないと気が済まず、手がボロボロになっても続けてしまう人もいるほどです。

柴犬の場合は、それが「尾追い」という行動に出てしまうことがあります。病的と思えるほどにしっぽを追いかけ回し、ついにはしっぽを噛みちぎってもやめないケースさえあります。生まれながらに不安傾向が高く、小さな刺激でもストレスになってしまうケースもあれば、震災など非常に怖い体験がきっかけとなることもあるようです。

イライラ・葛藤・不安を感じた際に尾追いを始めることが多く、具体的なきっかけとしては、ほかの犬に会う、人に長い時間なでられるなど多岐にわたります。てんかんとの区別が難しい場合や両方を併せ持つこともあるので、できれば動物病院などで脳波測定を行うことをおすすめします。

通常は、心身の安定や安らぎに関係する「セロトニン」の伝達を抗うつ薬の投与で調節する必要があります。また、日常生活を見直して、不安やイライラの原因がないか確認してみてください。もし思い当たることがあれば、飼い主さんが取りのぞいてあげることも大事でしょう。

「心の病かも？」と思ったら受診を

いわゆる「問題行動」は、トレーニング等で改善することもありますが、てんかんなど脳の病気や常同障害といった心の病となると、動物病院での治療が必要になります。

獣医師の側でも、行動学に基づいた診察をする体制が整いつつあり、2013年度には「獣医行動診療科認定医」制度ができました。「心の病」は、適切に治療すれば日常的に支障のないレベルにまで改善できます。

問題行動がどうしても改善しない、どうしたらいいかわからないというときは、まずは動物病院へ。

Part4

柴犬の
かかりやすい病気&
栄養・食事

健康トラブルの心配も意外と多い柴犬。
かかりやすい病気とその対策、柴犬ならではの
栄養学やふだんの食事での注意点などを
知っておくと安心です

柴犬のカラダ

まず、柴犬の健康管理で注意したいところをチェック。

耳

外耳炎が多く見られます。耳から異臭がするときは、耳内で皮膚のトラブルが起こっているかも。

目

眼球内の圧力（眼圧）や粘膜（網膜、結膜など）の異常が原因で、緑内障や結膜炎にかかることがあります。悪化すると失明の危険もあるので要注意。

皮膚

最も多いのが、食物アレルギーやアトピーによる皮膚炎。それらが引き金となって感染症にかかることもあるため、原因の特定・対処はもちろん皮膚を守ることも必要。

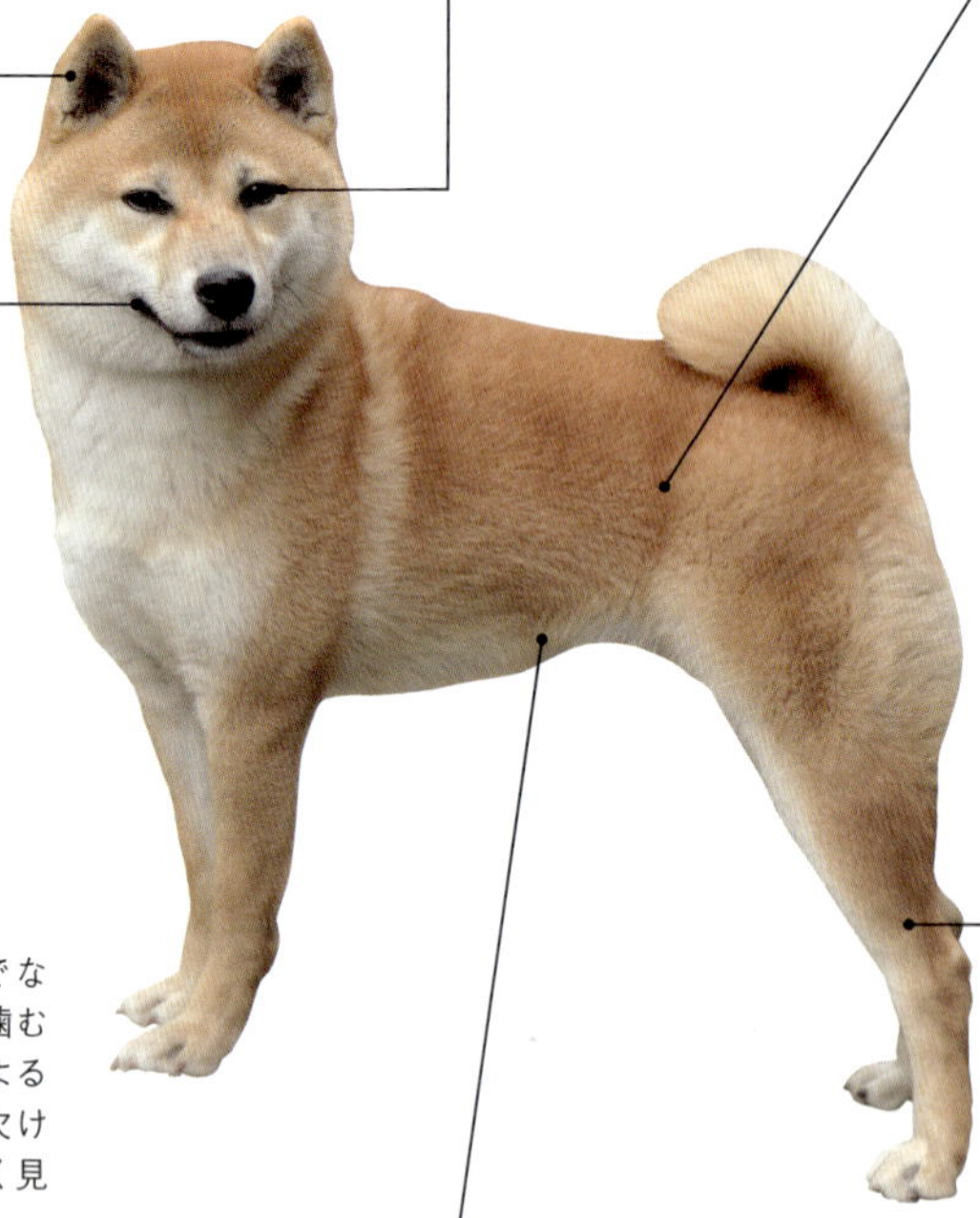

歯

虫歯や歯周病だけでなく、硬いオモチャを噛むなど外からの刺激による破折（歯が折れたり欠けたりすること）も多く見られます。

その他

心臓や呼吸器などの病気はあまり多くありませんが、油断は禁物。動物病院で定期的にチェックを。

胃腸

下痢や嘔吐を引き起こす慢性腸症にかかりやすい傾向があります。また、食物アレルギーの一環で胃腸に症状が出ることも。

骨・関節

太りすぎたり無理な運動をすると骨や関節に負担がかかり、さまざまな影響が出ます。

皮膚の病気

皮膚トラブルの主な原因となるアレルギーに注目して、仕組みや対処法をチェックしましょう。

柴犬の皮膚トラブルを引き起こす主な病気は、食物アレルギーと犬アトピー性皮膚炎、細菌感染である膿皮《のうひ》症やマラセチア感染症などです。

膿皮症やマラセチアなどの病気は食物アレルギーや犬アトピー性皮膚炎が原因で抵抗力が弱まったことで起こる二次感染によるものがほとんどなので、主な要因はそれら2つの病気と言えるでしょう。

○食物アレルギー
特定の食べもの（アレルゲン＝アレルギーの原因物質）に体が過剰な反応を起こすことで発症。かゆみや赤みなどの症状が見られる

○犬アトピー性皮膚炎
アレルギー性疾患の一種で、外的な刺激で引き起こされる。食物アレルギーと同様の症状が現れる

皮膚トラブルの主な原因

食物アレルギー

特定の食物が原因で発症。アレルゲンを摂取しないようにすることで症状は改善するが、アレルゲンの特定が難しい場合もある。

アトピー性皮膚炎

アレルギー性疾患の一種。外的な刺激が引き金となって発症する。

その他

アトピー性皮膚炎では皮膚のバリア機能が低下しているため、細菌感染やマラセチア感染が起こりやすい。さらにノミや毛包虫、疥癬《かいせん》が同時に起こるとかゆみが増す。

食物アレルギー

アレルギーのなかでもとくに多いことで知られます。

原因

動物の体には、細菌やウイルスなど外敵が体内に侵入してきたときに攻撃して体を守る「免疫」という働きがあります。この免疫が特定の食物に過剰に反応し、かゆみや赤みといった症状が現れるのが食物アレルギーです。

小麦や大豆などの穀物から肉類まで、さまざまな食べものがアレルゲンとなる可能性があります。食べもの以外では、フードボウルなど特定の〝もの〟に接触することが原因で起こるアレルギーもあります。

症状

主に耳、顔、口周り、足周りなどで次のような症状が見られます。

**かゆみ／赤み／湿疹／脱毛
黒ずみ（色素沈着）**

また、皮膚のバリア機能（外敵から皮膚を守る機能）が弱まり、細菌などに感染しやすくなります。

対処法

まず何がアレルゲンとなっているのかを突き止め、その対象を徹底して避けることが第一です。症状が見られたら、できれば皮膚病に詳しい動物病院でアレルゲンを特定するための血液検査を受けましょう。放っておくと、二次感染を起こし、症状がより重くなってしまいます。

また、アレルゲンは犬の年齢や環境、季節によって変わることもあります。

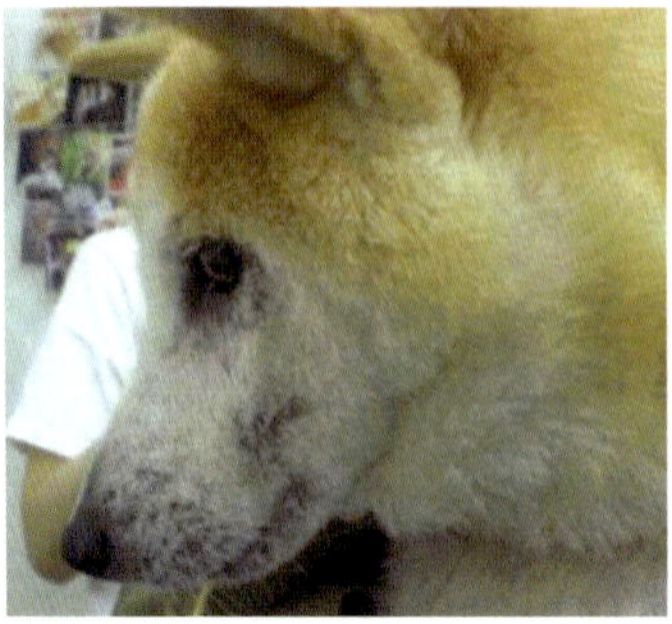

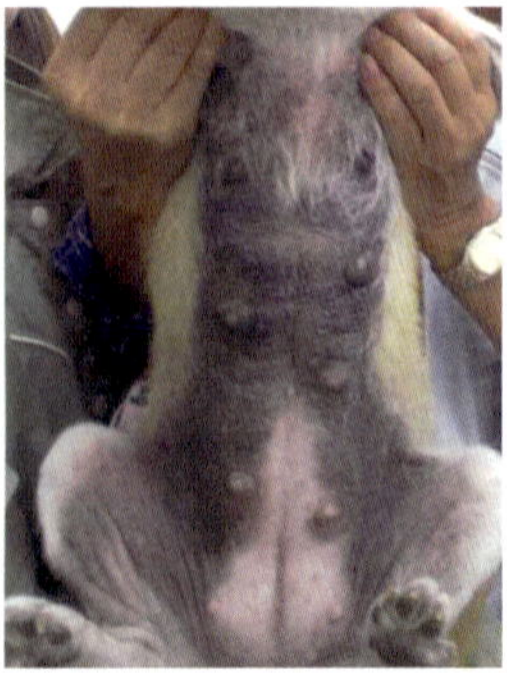

皮膚アレルギーで顔の一部や腹部が黒ずんでいます。

犬アトピー性皮膚炎

原因や治療法の違いなど、
食物アレルギーとの
違いに注目しましょう。

原因

アレルギー性疾患の一種。IgEと呼ばれる抗体（外界からの異物を排除するために体内で作られる「免疫グロブリン」というタンパク質）が特定のアレルゲンに反応することで起こります。

食物アレルギーと同様、アレルゲンが体内に浸入したことによって症状が現れるので、何が原因となっているのかを確かめ、それを取りのぞくことが重要になります。代表的なアレルゲンはハウスダスト、花粉、カビなどです。遺伝的要因が関係していることもあります。

症状

食物アレルギーと同様に、次のような症状が現れます。皮膚のバリア機能が落ち、二次感染が起こりやすくなるのも同じです。

かゆみ／赤み／湿疹／脱毛
黒ずみ（色素沈着）

対処法

アレルゲンの特定やIgEを調べるには詳しい血液検査を行う必要がありますが、皮膚科専門の動物病院でないとはっきりわからないこともあります。何が原因なのかがわかれば、徹底して避けることが大事なのは食物アレルギーと同じ。異なるのは、犬アトピー性皮膚炎では薬物（飲み薬、塗り薬）を用いた治療ができるところです。

また、減《げん》感《かん》作《さ》療法（アレルゲン免疫療法）といって、特定したアレルゲンを犬の体内に注射などで少量ずつ投与する治療法もあります。これは徐々に体をアレルゲンに慣れさせてアレルギー反応を起こさせないようにするもので、薬による副作用が心配な場合の治療法として行われています。

アレルギー & アトピーの基本の治療

基本的な治療の流れを確認します。

症状が見られたら、まずはかかりつけの動物病院へ

動物病院で、食物アレルギーまたは犬アトピー性皮膚炎の可能性があると診断

皮膚病に詳しい動物病院で検査を受け、アレルゲンを特定

ふだんの生活や食事について伝えると診断の参考になります

最適な対処法とケアを実施

表に現れているかゆみや赤みといった症状は、その犬の体質や状態に合った対処法（スキンケアや薬など）で治めることができます。ただ、基本的にアレルギーやアトピーは完治する（アレルギー反応が二度と出ないようになる）ことはないので、アレルゲンと接触しないようにコントロールし続けていくことが必要です。

二次感染を予防

アトピーでは、皮膚のバリア機能が低下して細菌感染やマラセチア感染が起こりやすくなっています。放っておくと膿皮症やマラセチア性皮膚炎を発症してしまうため、こまめなシャンプーや部屋の掃除で皮膚や周りの環境を清潔に保ち、愛犬の皮膚を守ってあげましょう。

主な対処法

皮膚病の治療やケアについて解説します。

薬物療法

対象 → 犬アトピー性皮膚炎

外用薬（塗り薬）・内服薬（飲み薬）の両方があり、皮膚の炎症とかゆみを抑えるステロイド剤や、副作用が少ない免疫抑制剤などを使います。効果には個体差があり、相性の悪いものや高価で服用し続けることが難しいものもあるため、獣医師とよく相談を。

スキンケア

対象 → 犬アトピー性皮膚炎
食物アレルギー

シャンプーでアレルゲンの除去と保湿をして皮膚の清潔さを保ち、細菌などを防ぐバリア機能をキープします。シャンプーの種類や組み合わせ、洗う回数は、その犬の体質や状態を配慮して決めます。また、ブラッシングや保湿（スプレーなどを使用）も皮膚を清潔にキープする有効な方法。動物病院で症状をチェックし、獣医師と相談してそのときどきの状態に合ったやり方でケアします。

ブラッシングで通気を良くすることで、皮膚の状態を改善します。

食事管理

対象 → 食物アレルギー

検査でアレルゲンを特定できたら、それらをすべて避けられるように毎日の食事計画を考えます。アレルゲンの種類が多い場合は多少手間がかかりますが、確実に改善されます。アレルゲンを含まず栄養が摂れる療法食（動物病院にて購入可能）や機能性フードなどを活用しましょう。

その他

対象 → 犬アトピー性皮膚炎
食物アレルギー

減感作療法やサプリメントなどの対処法もあります。獣医師と相談し、愛犬の状態に応じて取り入れましょう。また部屋をこまめに掃除するなど、愛犬のいる環境を清潔にしておくことも症状を軽くするためには重要です。

自宅でできるケア

皮膚の病気では、飼い主さんによる自宅ケアが欠かせません。

ボディチェック

症状をいち早く見つけるには、ふだんから愛犬の体をチェックすることが大切。次の部位はとくに皮膚病にかかりやすいので、注意深く見るようにします。

- ○**耳**　耳の周りや耳の穴の中に、赤みなどがないか確認
- ○**口**　片手で顔を持ち上げて、横や下からのぞきこむようにして口の周りに赤みや黒ずみがないか確認
- ○**お腹**　犬の両脇を持って後ろ足で立たせ、正面から赤くなっていないかをチェック
- ○**足先**　足を1本ずつ持ち上げて確認

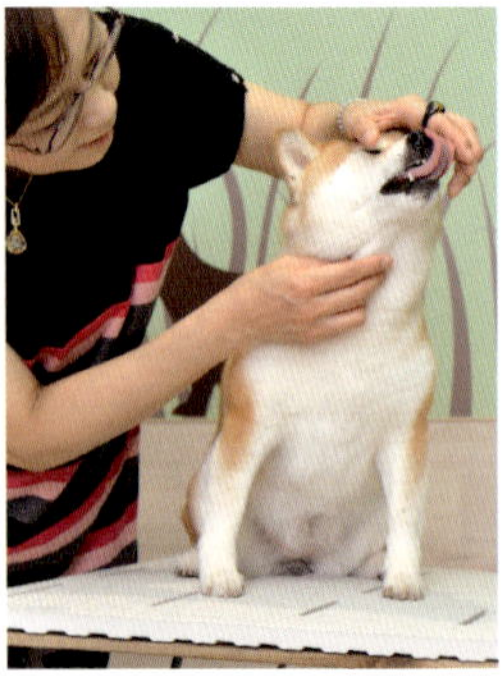

体をさわられることに慣らしておくとチェックしやすくなります。

シャンプー

皮膚の清潔を保つのに欠かせないシャンプー。動物病院やトリミング・サロンで洗ってもらうこともできますが、こまめに行うなら自宅で洗うのがおすすめです。柴犬は被毛が二重（ダブルコート）になっていて根元までお湯やシャンプーが届きにくいので、洗うときは中までしっかりと。シャンプー剤には次のような種類があるので、獣医師と相談して最適な組み合わせで使ってください。

- ●**薬用シャンプー**→細菌や真菌を除菌
- ●**薬用ではないシャンプー**→皮膚の汚れを取る
- ●**犬専用クレンジング**→皮脂を取る
- ●**保湿剤（セラミドなど配合）**→保湿して皮膚の状態を整える

ボディスーツを着せる

皮膚病の治療中に心配なのが、犬がかゆみのある部位を掻いたり噛んだりして症状が悪化してしまうこと。アレルギーやアトピーの治療用ボディスーツなどで体を覆うと、状態の悪化を避けられます。ただ、その犬の症状や体質によってはかえって蒸れてしまったりすることもあるので、獣医師に相談の上で最初は様子を見ながら試しましょう。

動物病院で販売しているものや市販品でケアに役立つグッズが見つかるかもしれません。獣医師と相談して、役立ちそうなら取り入れてみてください。

簡単に着脱できるので、シャンプーやボディチェック時はすぐ脱がせられます。

二次感染の対処法

皮膚のバリア機能が落ちて二次感染を起こし、膿皮症などほかの皮膚病になった場合はどう対応すればいいのでしょうか。

まず、もととなっている食物アレルギーや犬アトピー性皮膚炎のアレルゲンを突き止めて取りのぞいた上で、シャンプーなどこまめなケアで症状の治療とケアを行います。

二次感染による皮膚トラブルにも下の表のように種類があり、それぞれ適切なケア方法は異なるため、動物病院で相談して愛犬に合った治療を行ってください。

二次感染で引き起こされる皮膚トラブル

膿皮症	ブドウ球菌などの細菌が感染することによって発症。全身では赤み、脱毛、発疹などの症状が見られる。
マラセチア性皮膚炎	皮膚にもともと存在していた「マラセチア」という酵母菌の一種が、アレルギーなどが引き金となって異常を起こす病気。症状はかゆみや赤みのほか、皮膚のべたつきなど。とくに顔や脇の下、内股や足指のあいだによく見られる。
疥癬	ダニが寄生して起こる炎症。症状のケアとともに、ダニの駆虫を行う。

そのほかの病気

**皮膚病以外にも、柴犬によく見られる病気があります。
その症状と対策を紹介します。**

緑内障

悪化すると
失明の危険がある
目の病気です。

原因

健康な状態の目は眼球内の圧力（眼圧）が一定に保たれていますが、この眼圧が強くなって視神経や網膜といった目の組織の働きに支障をきたし、一時的または長期的に目が見えづらくなる状態（視覚障害）になります。これが緑内障です。急性と慢性に分けられ、症状の現れ方に違いがあります。どちらも重くなると目が見えなくなる危険があります。

症状

急性と慢性で、それぞれ次のような症状が見られます。

急性
- 目が見えにくくなる
- 結膜（白目）の充血
- 羞明《しゅうめい》（目がショボショボする）
- 頭部をさわられるのを嫌がる
- （痛みが激しくなった場合）

慢性
- 眼球が腫れて大きくなる
- 眼内出血
- 眼球癆《ろう》（眼球が萎縮して小さくなり、目が見えなくなる）

対処法

状態に応じて、点眼薬や利尿剤で眼圧をコントロールする内科療法や外科手術を行います。目が見えにくくなってから視力を回復させることは難しいため、早めの治療が肝心。愛犬が目を気にしているようなら、すぐ動物病院を受診しましょう。また、眼球勞になると見た目に影響するため、義眼を入れるケースも多いようです。

●目の構造

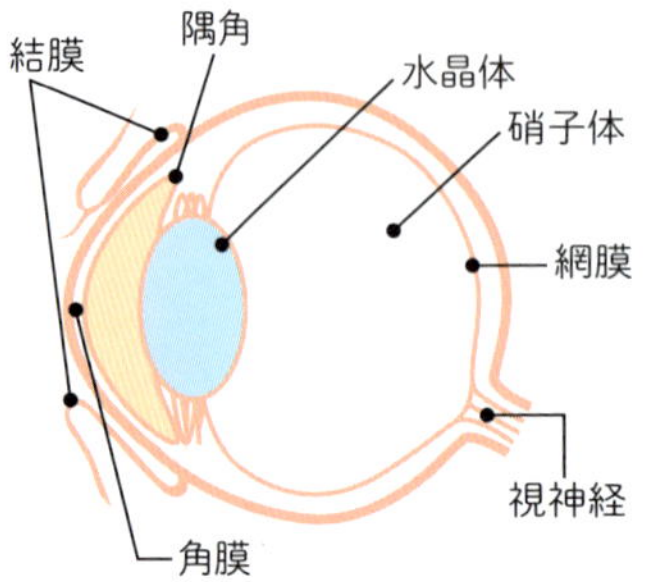

慢性腸症

柴犬に起こりやすいとされる、
消化器系の疾患です。

原因

「慢性腸症」の定義にはさまざまな説がありますが、基本的には原因不明の消化器症状が3週間以上続いている状態を指すとされます。どの犬種でも見られる病気ですが、とくに柴犬は治療の効果がほかの犬種よりも出にくいほか、比較的短期間で悪化する傾向があります。慢性腸症の中には、リンパ腫という腫瘍に変化するものもあります。

症状

主な症状として挙げられるのは、次の通りです。

下痢／嘔吐
食欲不振／体重減少

これらの症状は慢性腸症以外でも起こります。しかし動物病院で検査しても特定の原因がわからず、治りにくい場合や症状が繰り返される場合は慢性腸症の可能性が疑われます。

対処法

下痢や嘔吐などの症状が見られたらすぐ対応できるよう、ふだんからかかりつけの獣医師に診てもらいましょう。検査は糞便検査やX線検査、超音波検査、血液検査、内視鏡検査などを行います。腸炎とわかったらステロイド剤や抗菌薬の投与、食事療法を行い、効果のほどを調べます。すでにリンパ腫になっていた場合は、これらに抗がん剤の投与が加わります。

慢性腸症は長く付き合っていかなければならない病気。獣医師とよく相談し、負担の少ない生活を送れるようにしてあげましょう。

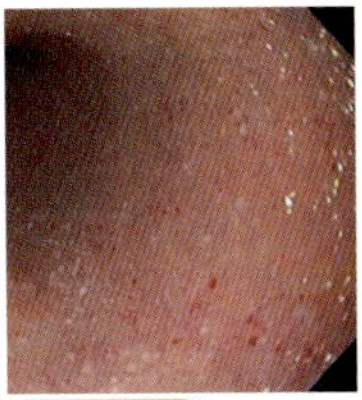

慢性腸症

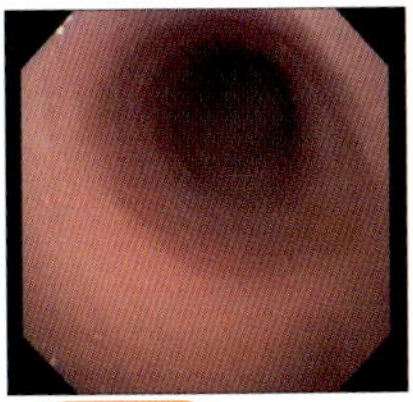

正常

正常（右）と慢性腸症（左）の腸内の内視鏡写真。左側は炎症が起こって荒れているのがわかります。

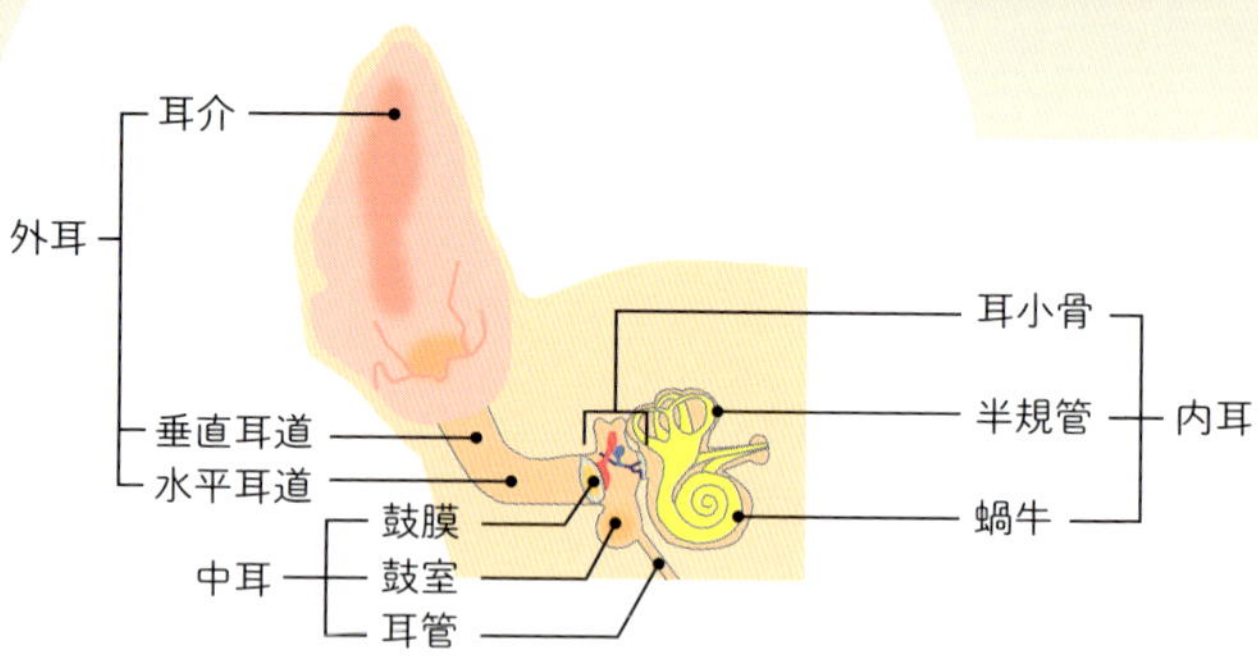

●耳の構造

外耳炎

犬に非常に多い
病気として知られる外耳炎は、
柴犬にとっても大敵。
しっかり対策を取りましょう。

耳道《じどう》（耳の穴から鼓膜までの部分／垂直耳道と水平耳道の２つの部分からなる）に細菌や外部寄生虫が感染して炎症が起こる外耳炎は、多くの犬で見られます。とくに柴犬は神経質な面があるので耳垢が溜まると気になって耳を掻いてしまい、それがもとで炎症が起こることもあります。

主な症状は、かゆみや異臭など。治療では、炎症の原因となった細菌や物質を除去して耳道内を洗浄し、点耳薬や抗生物質を使います。ふだんからこまめに耳掃除をすると、予防につながります。

膝蓋骨変位症候群
変形性関節症

関節の病気で
起こりやすいのは、
主にこの2つです。

膝蓋骨変位症候群は、膝蓋骨（後ろ足のひざにある円形状の骨）が外れてしまう状態（脱臼）。症状は突然後ろ足を上げる、歩くことを嫌がる、足を引きずる（跛行《はこう》）など。体重のコントロールや運動の制限などを行いますが、効果が見られない場合は手術を行います。

変形性関節症は、加齢に伴って起こる病気。あらゆる関節に起こりますがとくに背骨に多く、「変形性脊椎症」とも呼ばれます。跳んだり走ったりできなくなる、元気がなくなるなどがサイン。痛み止めやサプリメントを使用し、痛みを緩和しながらリハビリを行います。

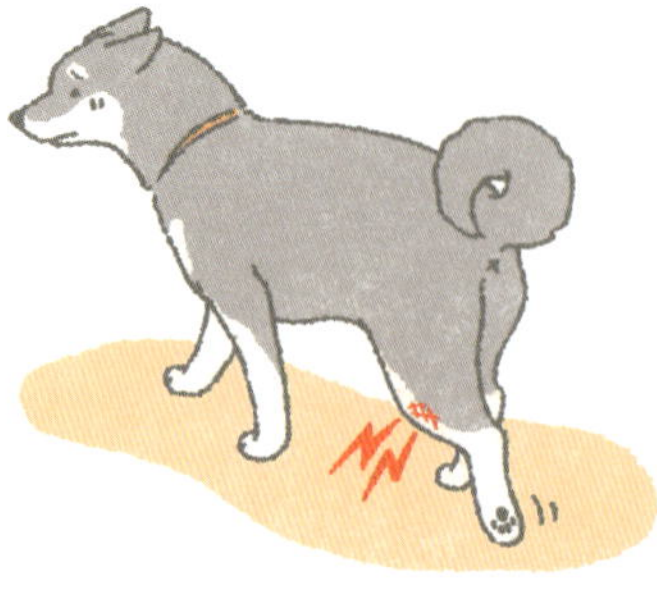

ノミ・マダニ・犬フィラリア症

**ノミやマダニ、蚊が原因で起こる病気は、
発症すると治療が困難な病気も。予防が非常に大事です。**

●ノミのライフサイクル

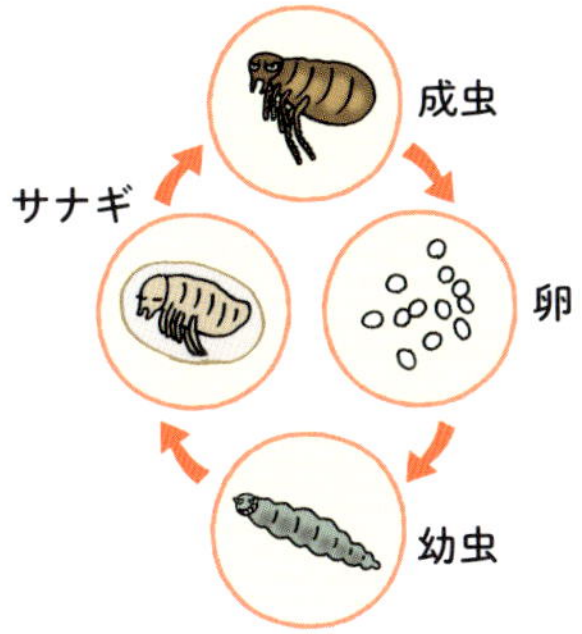

ノミ

日本で犬に寄生するノミの多くはネコノミで、成虫（産卵）→卵→幼虫→繭→サナギ→成虫というサイクルで発育します。屋外で成虫が犬に直接跳び移る感染ルートだけでなく、卵や幼虫、サナギを誤って屋内に持ち込んでしまうと、そこで発育が継続して行われ、最終的に成虫が犬に寄生します。

ノミが原因で起こる病気は、バルトネラ症（猫ひっかき病／バルトネラ菌が原因で起こる人獣共通の感染症）や瓜実条虫《うりざねじょうちゅう》症（瓜実条虫という寄生虫が原因で起こる人獣共通の感染症）など。最も効果的なのは、動物病院で処方される駆虫薬を使って定期的に予防することです。

マダニ

マダニは、卵から成虫になるまでに異なる3体の動物（宿主）に寄生し、それぞれの動物で幼ダニ、若ダニおよび成ダニのステージを過ごします（3宿主性）。それぞれの動物で必ず吸血するので、そのときに病原体も一緒に移動する可能性があります。

マダニが原因でバベシア症（バベシアと呼ばれる寄生虫が赤血球を破壊し、貧血になる病気）数種、リケッチア症（リケッチアと呼ばれる病原体が原因の病気）などが起こります。ノミと同様に、駆虫薬で予防します。

犬フィラリア症

犬フィラリア症とは蚊が媒介する犬の伝染性の寄生虫病で、命にかかわることもある病気です。大きく分けて急性と慢性があります。一時に多量の病原体が生体に入る濃厚感染例の急性では、急に元気がなくなり、突然死に至ることがあります。慢性は、重症化すると呼吸困難などの症状が見られます。

動物病院で予防を行うのが重要で、予防薬には、注射や内服薬（錠剤）、犬の体に予防薬を垂らすスポットタイプなどがあります。形態や投与の間隔もそれぞれ異なるので、動物病院で相談して無理なく続けられるものを選びましょう。

柴犬のための栄養学

**食事と栄養は健康の基本。人と犬との違い、
さらには柴ならではのポイントをご紹介します。**

犬の栄養学の基礎

**犬に必要な栄養は、
人はもちろんほかの動物とも
ちょっと違います。**

「６大栄養素」とは

栄養素は、「炭水化物、たんぱく質、脂質、ビタミン、ミネラル、水」の６種類。体に必要なエネルギー源となるのは、炭水化物、たんぱく質、脂質です。炭水化物＝４㎉、たんぱく質＝４㎉、脂質＝９㎉（いずれも１ｇあたり）のエネルギーを体に供給することができ、３大栄養素と呼ばれています。

炭水化物はエネルギー源であると同時に、そこに含まれる食物繊維が腸管の健康をサポート。たんぱく質はエネルギー源であるとともに体を作る働きがあり、脂質は効率の良いエネルギー源で、ホルモンなどの生理機能を維持するという役割があります。

ビタミンやミネラルは、３大栄養素が体内でエネルギーに変換されるときや体の調整に必要であり、水は生命維持に欠かすことができません。人や犬の体は、体重の約60％が水で構成されているので、たった10％の脱水が命取りになることがあります。

栄養素と食品の関係

人と違って犬は、「さまざまな食品から栄養を摂取する」という食生活ではありません。つまり、飼い主さんがある程度「何をどれだけ摂取しているのか」を知ることが重要なのです。

「●●源」という言葉を聞いたことがありますか？ これは、水以外の栄養素で食品中に最も多く含まれる栄養素のことを示します。たとえば「肉」は、水が約70％、

6大栄養素の主な働きと供給源

	主な働き	主な含有食品	摂取不足だと？	過剰に摂取すると？
たんぱく質源	体を作る エネルギー源	肉、魚、卵、乳製品、大豆	免疫力の低下 太りやすい体質	肥満、腎臓・肝臓・心臓疾患
脂質源	体を守る エネルギー源	動物脂肪、植物油、ナッツ類	被毛の劣化 生理機能の低下	肥満、すい臓・肝臓疾患
炭水化物源	エネルギー源 腸の健康	米、麦、トウモロコシ、芋、豆、野菜、果物	活力低下	肥満、糖尿病、尿石症
ビタミン	代謝機能の調節	レバー、野菜、果物	代謝の低下 神経の異常	中毒、下痢
ミネラル	代謝機能の調節	レバー、赤身肉、牛乳、チーズ、海藻類、ナッツ類	骨の異常	中毒、尿石症、心臓・腎臓疾患、骨の異常
水	生命維持		食欲不振 脱水	消化不良、軟便、下痢

たんぱく質が20%前後、残りが脂肪、炭水化物、ビタミン、ミネラルといった栄養構成です。この場合、肉は「たんぱく質源」ということになります。炊いたご飯は水が60%、炭水化物が37%で、残りがそのほかの栄養素で構成されているので、「炭水化物源」と考えます。

犬には犬の栄養バランス

この6大栄養素が、どのようなバランスでどれだけ必要かは種族によって異なります。犬には犬に必要な栄養バランスがあるのです。人間が雑食動物なのに対して犬は肉食動物（実際は雑食寄りの肉食動物）です。

犬の消化器官は肉食に対応できるようにできているため、食事構成が適していない場合は、せっかく食べても効率良く栄養とエネルギーになりません。加えて、3大栄養素の割合により、ビタミンやミネラルの必要量も異なります。食事中の栄養素は、そのバランスと消化吸収率が体に適していることが重要。ですから、健康管理のためには「犬には犬に適した食事」が必要なのです。

柴犬ならではの“食”

犬種に応じた栄養に
気を付けてあげると、
さらにgood！

柴犬に多いアトピー性皮膚炎になると、本来皮膚のバリア機能である脂質の代謝やセラミドという脂質の一種が不足して、抗原（アレルゲン）が体内に入りやすくなります。また保湿に重要な水分も損なうため、乾燥によるかゆみで皮膚を引っかくことになり、細菌感染を起こしたりします。

遺伝的要素が大きいのですが、食事が関連していることもまた事実です。以下に気を付けて予防を心がけましょう。

皮膚のバリア機能を守る

セラミドは体内で合成できますが、セラミドを多く含む食品をおやつなどで取り入れることで、皮膚のバリア機能をサポートしましょう。乳製品、卵、米、ヨーグルト、ブロッコリーなどに多く含まれます。また、セラミドの合成材料であるアミノ酸の「セリン」は、カツオやマグロなど赤身の魚に多く含まれます。

水分摂取を十分に

主食がドライフードなら、1日に必要な水分摂取量は食事から摂取しているエネルギー量とほぼ同じくらいです。基本的には、1日にフードを400kcal摂取しているなら水分の必要量は400mℓ前後となります。水分が十分でないと代謝がスムーズに行われず、不要物を速やかに排泄することができません。この積み重ねが、アレルギーやそのほかの病気に影響を与えることも。日ごろから犬の水分摂取量には気を配りましょう。

ストレスを軽減

ふだんはやんちゃで元気いっぱいの柴犬ですが、賢いからこそ神経質な一面も。環境の変化や季節の変化に伴うストレスの軽減にはビタミンCが役立ちます。犬はビタミンCを体内合成できるため、サプリメントで与えるよりもビタミンCを多く含むキャベツ、ブロッコリー、さつまいも、じゃがいもなどをおやつとして利用すると良いでしょう。

たんぱく質は中程度、脂肪は控えめに

未消化のたんぱく質や脂肪は、腸内環境を乱す原因ともなります。高たんぱく・高脂肪のフードよりも、たんぱく質＝23%前後、脂肪＝10%前後を目安として選びましょう。ジャーキーやガムなどにもたんぱく質が多く含まれているものがあるので、栄養構成をチェック。与えすぎにはくれぐれも注意してください。

脳の健康をサポート

柴犬をはじめとする日本犬は、高齢になると認知症を発症しやすい傾向があります。予防のカギとなるのが「オメガ-3脂肪酸」と呼ばれる栄養素で、アジ、イワシ、サンマ、サバ、マグロ、サケなどに多く含まれています。1日20g程度（塩分など味付けなしの生の重さ）を限度として、食事やおやつに混ぜて与えてもOK。20gで約30kcalあるので、その分フードを減らし、エネルギー量のバランスを取ることも忘れずに！

腸内環境をサポート

腸内には多数の腸内細菌が棲んでおり、善玉菌、悪玉菌、日和見菌に大別されます。一般的に善玉菌は健康をサポートする働きが、悪玉菌は健康に害を与える働きがあり、日和見菌はその数の多い方に味方します。よって、健康管理のためには腸内細菌のバランスを保つことが大切なのです。プレーンヨーグルトを食後に小さじ1杯程度与えたり、乳酸菌のサプリメントを利用するのがおすすめです。

「体のさび取り」を心がける

「体のさび」とは、活性酸素を意味します。普通に呼吸して生きていれば体内で産生されるものですし、必要な物質でもあります。しかし、ストレスや加齢によってそれが過剰になると処理が追いつかず、細胞に障害を与えます。これがさまざまな病気に関与しているとも考えられているのです。体のさび取りに役立つのが抗酸化物質、ビタミンC、ビタミンE、β-カロテンなどです。これらは一緒に働く性質があるので、季節の野菜や果物をおやつなどに取り入れるのも良いでしょう。便量が多くなったり、軟便にならない程度の量を目安にしてください。

ライフステージごとの栄養

年齢に応じて栄養管理で
気を付けたいポイントは
異なってきます。

成長期（生後3カ月〜1歳）

体の基盤を作る大切な時期。必要なエネルギーと栄養を十分に満たした、高品質な成長期用のフードを与えてください。

とくに腸管には、「腸管免疫」と呼ばれる免疫機構がありますが、この時期はまだ発達しきっていません。質の低いフードで腸内環境が乱れた状態を放っておくと、将来的にアレルギー性皮膚炎の引き金となる危険性も。未熟な消化器官から十分に栄養を消化吸収できるよう、食事は4〜5か月齢までは1日3回に分けて与え、その後、徐々に1日2回にしていきます。

維持期（1〜7歳）

重視したいのは、「適正体重の管理」です。とくにおやつの与えすぎは、犬が肥満になる大きな原因。肥満は心臓・腎臓・肝臓病や糖尿病、関節疾患など、万病の元です。愛犬が食事に満足できていないようなら、現在与えているフードが適していないことも考えられます。

おやつも1日に必要なエネルギー量の一部なので、その10％以下に収まるように与えます。そのためには、与えるおやつのエネルギー量もチェックすることが大切。ドライフードが主食の場合は、少量の野菜、果物、ゆでた鶏肉、卵、カッテージチーズなどが低カロリーで健康的なおやつとして役立ちます。

高齢期（7歳〜）

犬には個体差があるので、必ずしもこの時期にシニア用のフードに切り替える必要はありません。

シニア用フードには、高齢期の免疫力や老化をサポートするビタミンEなどが増量されたり、疾患を予防するとされる機能成分が含まれているものもあります。老いの兆しが見えたら、それらのフードを利用してもよいでしょう。日本犬は認知症が現れやすいため、オメガ−3脂肪酸を強化した商品や魚油のサプリメントなどもおすすめです。

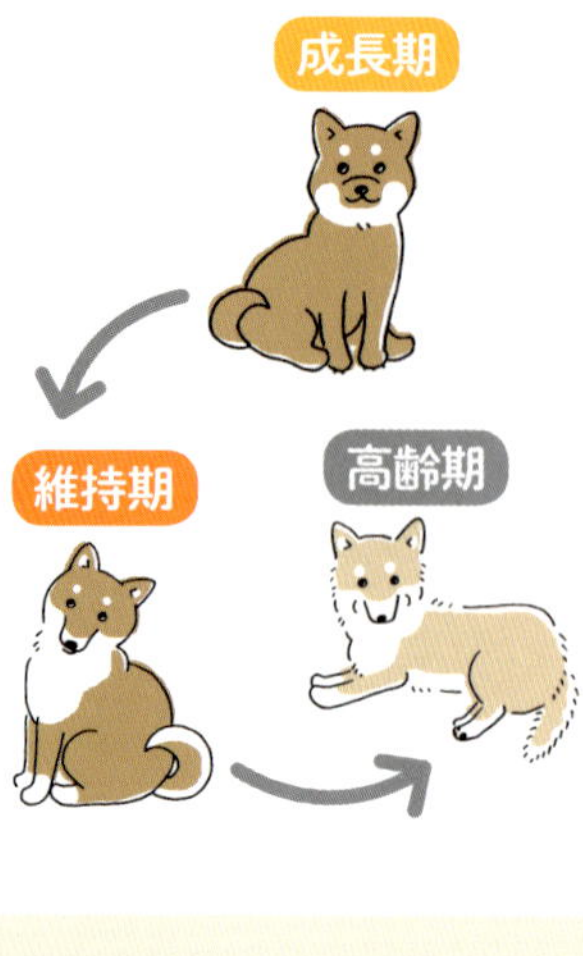

パッケージの表面・裏面・マチ部分には、さまざまな情報が記載されています。

フード選びのポイント

愛犬に適したフードを選ぶには、まずラベルをチェックしましょう。

「総合栄養食」かどうか

形状にかかわらず、「水とそのフードで特定の成長段階や健康を維持することができる」のが「総合栄養食」です。現在市販されているドライフードはすべて総合栄養食ですが、パウチや缶詰などのウエット商品には、総合栄養食ではない商品があります。これらには「一般食」、「副食」などと記載されています。総合栄養食と併用して使用することが目的なので、主食には適していません。

保証分析値

栄養構成は、「保証分析値」、「栄養成分」、「保証成分」などと表示されています。どれも、それぞれの栄養素が原材料中にどのくらいの重さの割合で入っているかを示しています。ここで注目したいのは、粗たんぱく質、粗脂肪、粗繊維、粗灰分、水分の５項目。それ以外は詳しくチェックしなくても大丈夫です。これらの項目は、健康状態や排便状態と一緒にメモしておくと今後の参考になります。

代謝エネルギー（ＭＥ）

摂取エネルギーから便や尿中に排泄されるエネルギーを差し引いて、実際に体内で利用できるエネルギーを示したものです。一般的には「〇〇kcal／１００ｇ」と表示されています。成長期用ドライフードであれば４００kcal前後、維持期ドライ用であれば３５０kcal～４００kcalが、高品質な総合栄養食の目安です。

ライフステージなど

ライフステージ（年齢別）は、成長期、維持期、高齢期の３つに大別されます。また、ライフスタイルは環境や活動量を示しています。フードの栄養構成は、これらの目的に合わせて配合されているのです。

ペットフードの代表的な原材料

栄養素		使用原材料の例
たんぱく質源		牛肉、ラム肉、鶏肉、七面鳥、魚、肝臓、肉副産物（肺、脾臓、腎臓）、乾燥酵母、チキンミール、チキンレバーミール、鶏副産物粉、コーングルテンミール、乾燥卵、フィッシュミール、ラム肉、ラムミール、肉副産物粉、家禽類ミール、大豆、大豆ミール　など
脂質源	動物性脂肪	鶏脂、牛脂、家禽類脂肪、魚油　など
	植物性脂肪	大豆油、ひまわり油、コーン油、亜麻仁油、植物油　など
炭水化物源		米粉、玄米、トウモロコシ、発酵用米、大麦、グレインソルガム、ポテト、タピオカ、小麦粉　など
食物繊維源		ビートパルプ、セルロース、おから、ピーナッツ殻、ふすま、ぬか、大豆繊維　など

与える量

一般的にフードラベルに示されている給与量は、健康で運動量が中程度の犬を基準として算出されています。そのため、その基準より運動量が少なければ太ることや残すことにつながり、逆に活動量がもっと多ければやせることや空腹を感じることになります。体重当たりの給与量を目安とし、体重が増えたら減らし、減ったら増やしてみて、愛犬が適正体重を維持できる量を探しましょう。この量はフードごとに異なるので要注意！一般的に代謝エネルギー（ME）が低いと与える量は多くなります。

原材料

ペットフードの原材料表示には、「使用原材料を多い順に記載する」というルールがあります。使用しているすべての材料が記載されているので、ビタミンやミネラル、栄養添加物、食品添加物などが入ると意味不明な印象を受けるものです。

しかし、犬の体に最も影響があるのは、たんぱく質、脂質、炭水化物、そして食物繊維。これらができるだけ明確な表示になっている商品を選びましょう。柴犬はアレルギー疾患の多い犬種なので、原材料はシンプルでクリアな商品がおすすめです。

柴犬の栄養にまつわるQ&A

Q 柴犬は日本固有の犬種。やっぱりお米を与えたほうがいい？

A 米（とくに白米）は消化の良い炭水化物源で、消化器疾患用の療法食にはほぼ米が使われているくらいです。手作り食でも白米のご飯はよく使います。炭水化物は、エネルギー源となる「糖質」と腸の健康に働く「繊維質」に分かれますが、白米には食物繊維がほとんど含まれないため、ほぼエネルギー源として使われます。つまりフード（総合栄養食）を主食としているなら、エネルギー補給などの目的がない限り、「与えなければいけない」食物ではありません。

Q ハイシニア犬（10歳以上）の、日々の食事での注意点は？

A 個体差があるので、一概に「10歳だから……」ということはとくにありません。しかし高齢になると、筋肉量が低下して活動量が減るため、必要なエネルギー量は若いころに比べて1割程度下がります。ただ、単に低カロリーのフードに移行するだけでは×。消化吸収率が高く、成犬時と同じ程度のたんぱく質と中程度の脂肪で構成されたフードを選べば、摂取エネルギーを減らしても十分な栄養を取ることができるのです。脱水もしやすくなるので、こまめな水分補給を心がけましょう。

Q 野菜を嫌がるんですが、健康のために食べさせるべき？

A 犬は肉食寄りの雑食動物なので、脂肪のニオイとアミノ酸の味の食べものを好みます。野菜をよく食べる犬もいますが、野菜好きというより水分やビタミン・ミネラルなどの不足栄養を補う、ニオイの強いものを避けたいなどほかの理由があるようです。ですから、犬が野菜を好んで食べないのは普通のこと。野菜には食物繊維が多く含まれるため、与えすぎは栄養の吸収を阻害したり、軟便や下痢の原因になることもあります。与える場合は少量にして、翌日の便が緩くなる、多くなるなどの問題がなければ、もう少し量を増やすなどで適量を把握してください。

しばコラム

3

手作り食は健康にいい？

近年よく耳にする「手作り食」。いかにも健康に良さそうなイメージですが、本当のところはどうなのでしょう。

手作り食を英語で言うと、「Homemade Diet(自家製食)」。つまり、家で作る食事のことです。古くは日本でも、人間のごはんに残りものを混ぜて犬に与えていた時代がありました。ある意味これも手作り食と言えます。ペットフードが普及していなかったころはそんな食事が当たり前でしたが、ペットフードの品質や安全性も向上した現代では「もっと質の良い食事を食べさせたい」または「ペットフードは原材料が心配」、「愛犬がペットフードを食べない」などさまざまな理由から手作り食が注目されているのです。

現代の手作り食には、生食、加熱調理型(市販)、加熱調理型(自家製)、手作り補助食品などがあります。人と同等の食材を使用することが多く、ペットフードに比べて加工の度合いが低いので、食品中の栄養素の損失が少ない、嗜好性が高い、体調に合わせて原材料を組み替えることができるといった利点があります。

一方で、食事は「栄養バランスや消化吸収率が適しているか」のほかには安全性が重要です。それらが適していない場合は、健康障害を引き起こすことになります。そのため、「個体に適した栄養バランスのとれた食事を安全な状態で与える手作り食」は健康管理に良いと言えるかもしれませんが、「手作り食ならば何でも良い」というわけではありません。

手作り食にチャレンジする人が増えていますが、
健康に悪影響が出ないようくれぐれも注意を。

Part5
お手入れとマッサージ

抜け毛が大量＆皮膚が弱い犬も多いので、
短毛と言えど日々のお手入れは欠かせません。
柴にぴったりのグルーミングや
マッサージ、オーラルケアで、健康維持を。

お手入れの前に……

柴犬はよく「水が苦手でお手入れも嫌い」といわれる犬種です。
嫌がる場合は無理強いせず、少しずつ慣れさせていきましょう。

嫌がったら中断！

…

顔を背ける、体を引くなど嫌がっている様子が見られたらいったん中止。急に口を閉じて静かになったら「噛む直前」のサインかも。落ち着いてから再チャレンジしてください。

体をさわる

さわられることすら嫌！
という場合は、
まずここから。

急に動かないよう、
リードを着けて
おくと安心

1 まずは嫌がりにくい背中を毛並みに沿ってやさしくなでます。なで続けると落ち着くので、できれば10～15分くらい続けます。

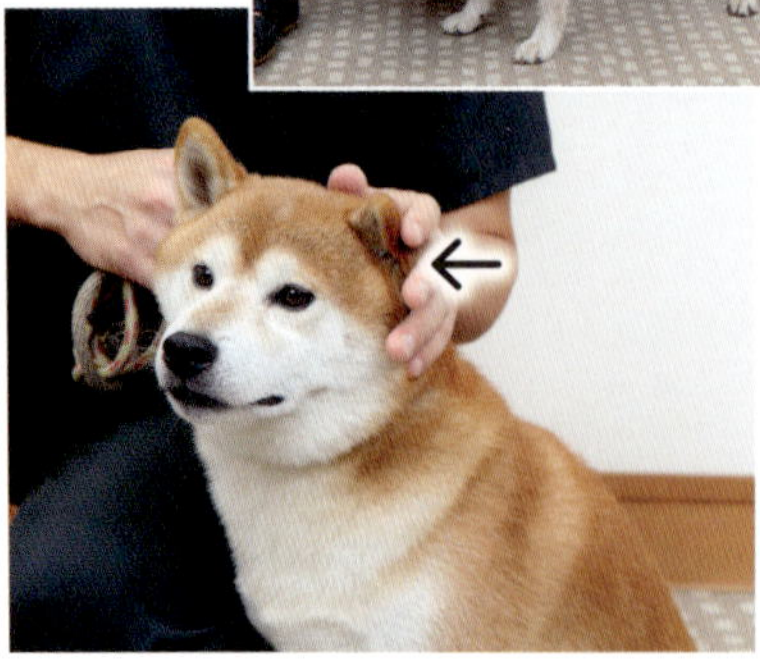

2 別のところもなでていきますが、しっぽや耳は嫌がることが多いので注意。後ろや横からそっとふれると警戒されにくくなります。

異常の有無をチェック

お手入れ前に、
汚れや異常がないかを
確認します。

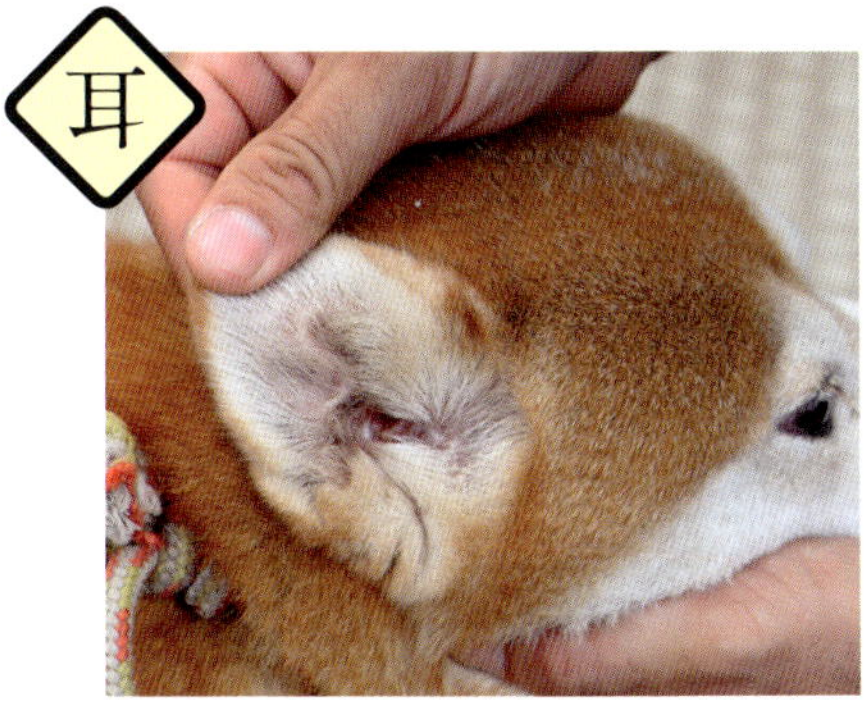
耳

赤みとニオイをチェック。耳の中が赤くなる、異臭がする、耳垢が多いなどが見られたら、外耳炎の疑いも。

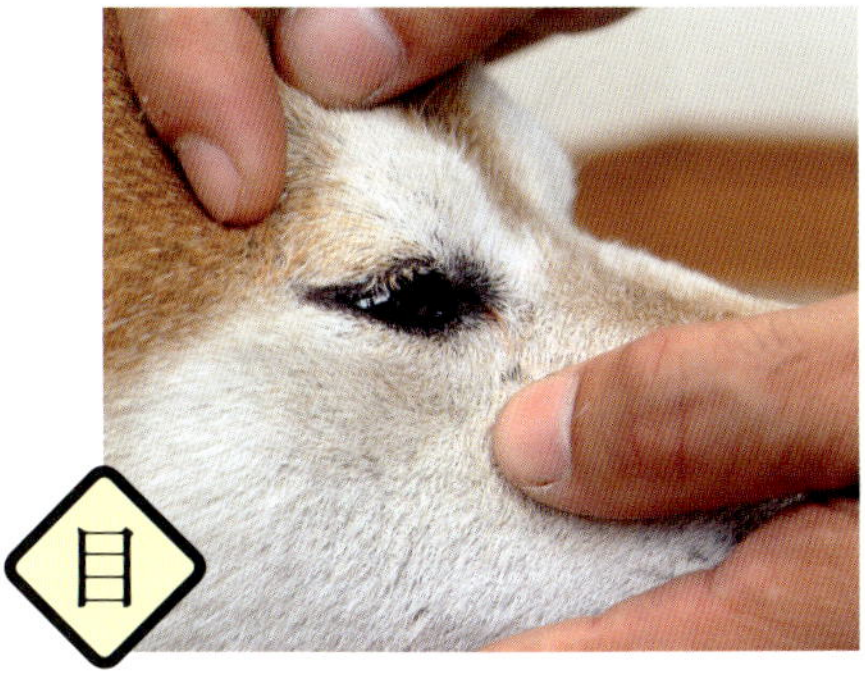
目

目の周りもダニが寄生しやすい部位なので、黒い粒に注意。目やにが溜まっていないかなど、目の状態もよく見ます。

ダニは
足に肉球のあいだや
肛門周りにも
潜んでいます
口

食べもののカスで汚れていないか、ダニがいないかを確認。黒い粒のようなものが付いていたら、ダニの可能性があります。

犬の気持ちを最優先に

慣らしているときもお手入れ中も、犬の様子に気を配りましょう。嫌がっているのに無理に続けると、怒って噛んだり暴れたり、さらにはお手入れが大嫌いになってしまいます。

柴犬は、手の込んだお手入れをあまり必要としません。予定通りにできなくても気にせずに、犬の気持ちを最優先してあげてください。そうやって信頼関係を築けば、シャンプーなど次の段階に進めます。

ブラッシングとシャンプー

**室内飼いならとくに、清潔をキープすることが重要。
さわられることを嫌がらなくなったら、
ブラッシングやシャンプーに挑戦してみましょう。**

❶スリッカーブラシ
「く」の字に曲がった金属のピンが付いたブラシ。広範囲で使えて、ふだんのブラッシングにおすすめ。

❷アンダーコート用ブラシ
春・秋の換毛期など、アンダーコート（綿毛）や抜け毛を減らしたいときに便利。

❸ラバーブラシ
ゴム製のブラシ。オーバーコート（表毛）を整えるほか、マッサージ効果もあり。

❹獣毛ブラシ
被毛の脂分を均一に伸ばすことで、毛づやを出せます。イノシシなど粗く硬い毛のほうが、柴犬の毛の根元まで届きます。

❺ブラッシングスプレー
被毛にうるおいを与えて静電気を防ぐほか、除菌・消臭効果のあるものも。

ブラッシング

アンダーコート（綿毛）の
処理や被毛の汚れ落とし、
マッサージなどにもなるので、
毎日行うのが理想です。

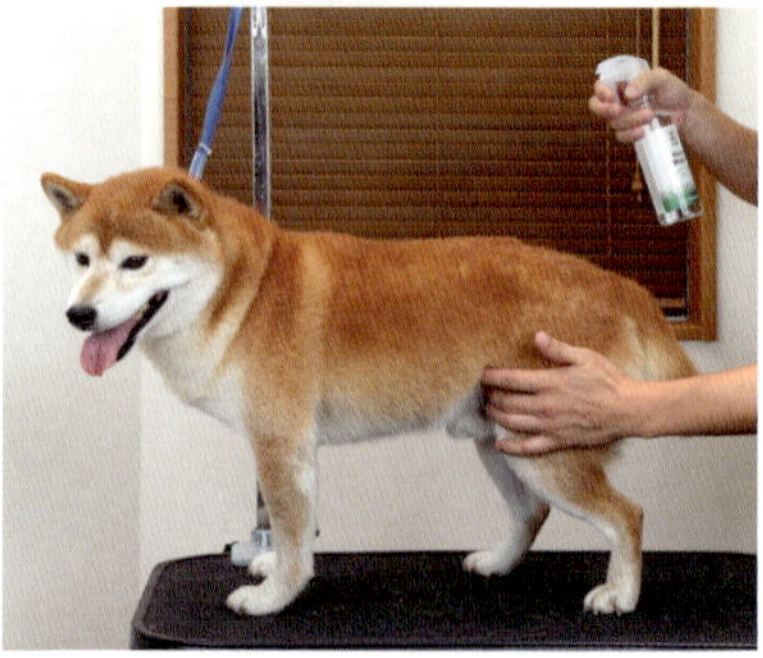

1 びっくりさせないよう、始める前に使うブラシのニオイを嗅がせます。ブラッシングスプレーをかけておくと、とかしやすくなります。

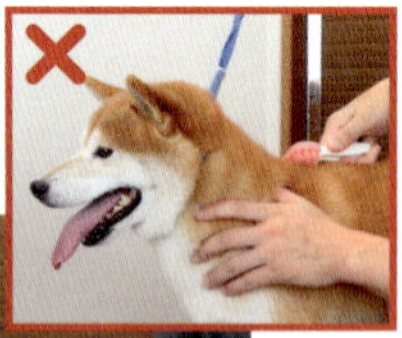

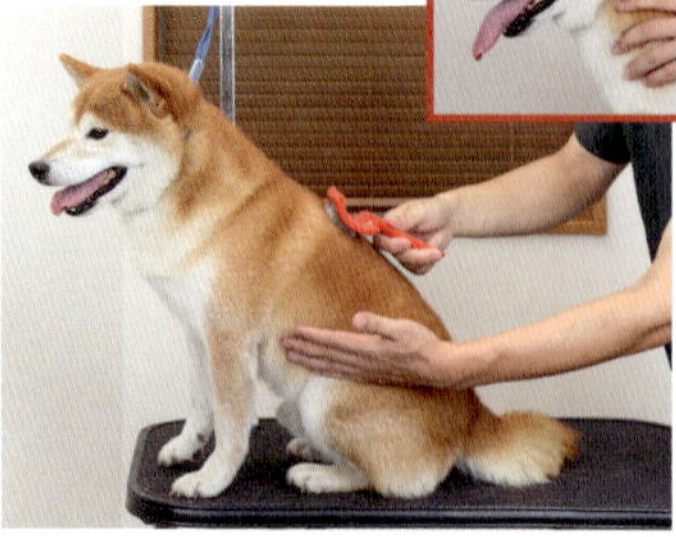

2 さわりやすい背中や腰からとかし始めます。逆の手は体をつかまず、そっと添える程度に。

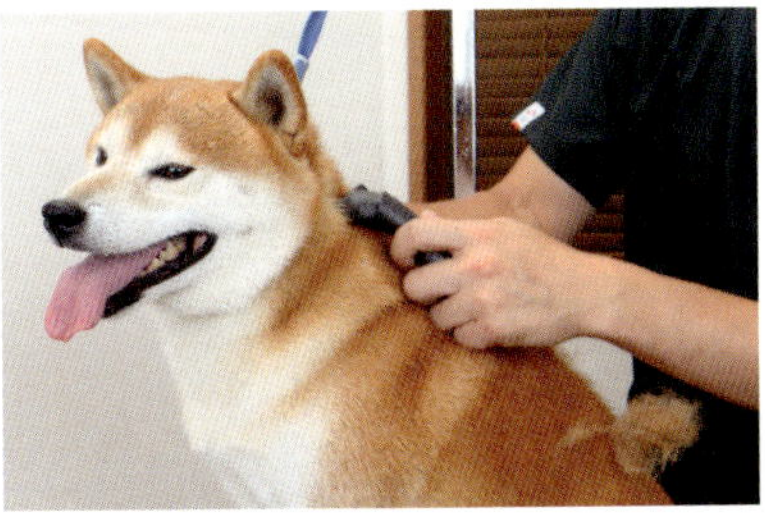

3

換毛期には、毛がごっそり取れるアンダーコート用ブラシが便利。ただし、取りすぎると体の保温がしにくくなるので注意！

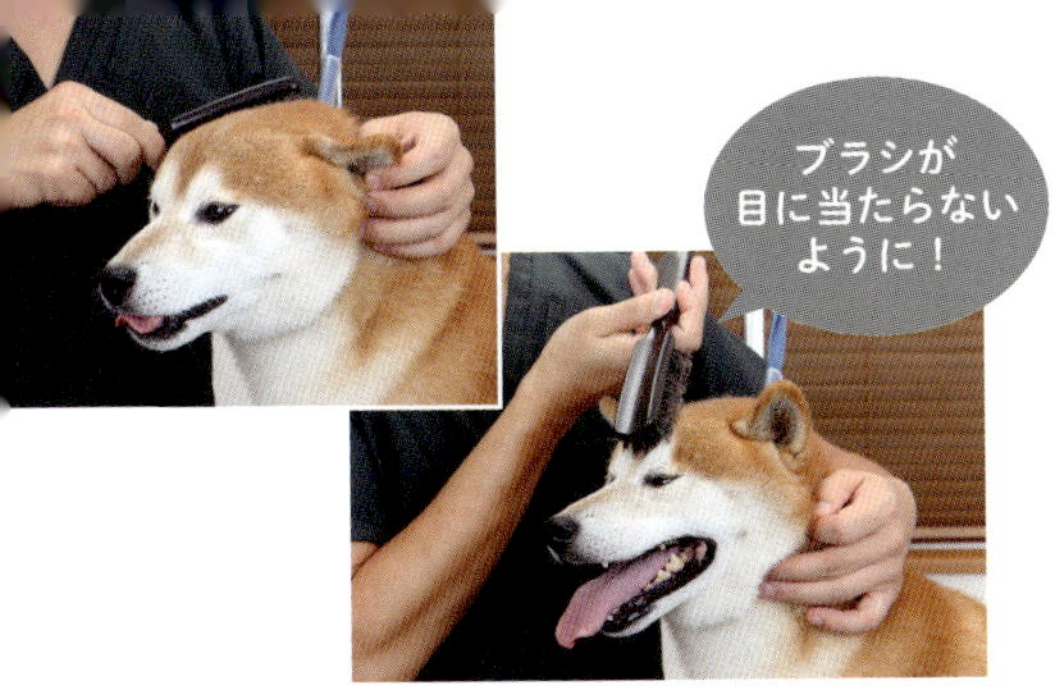
ブラシが
目に当たらない
ように！

4

頭部（とくに顔や耳）は体よりデリケートなので、獣毛ブラシを使います。犬の後ろや横からやさしくとかしましょう。

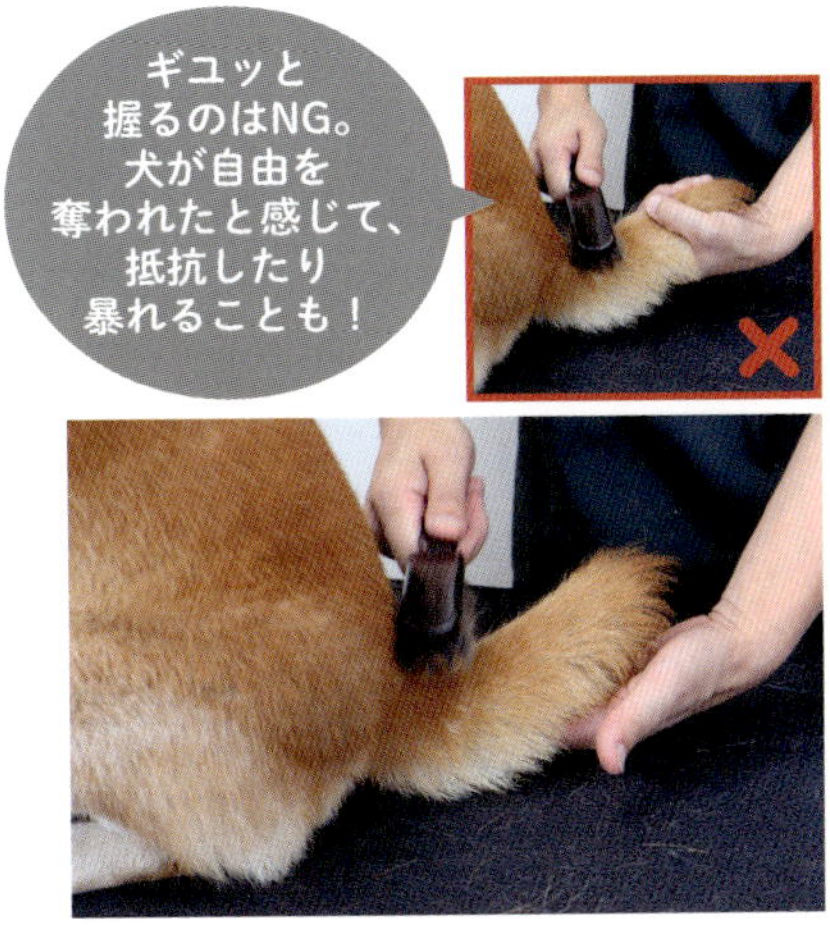
ギユッと
握るのはNG。
犬が自由を
奪われたと感じて、
抵抗したり
暴れることも！

5

しっぽは手の上に載せ、獣毛ブラシで少しずつとかします。さわられるのを嫌がる犬が多いので注意。

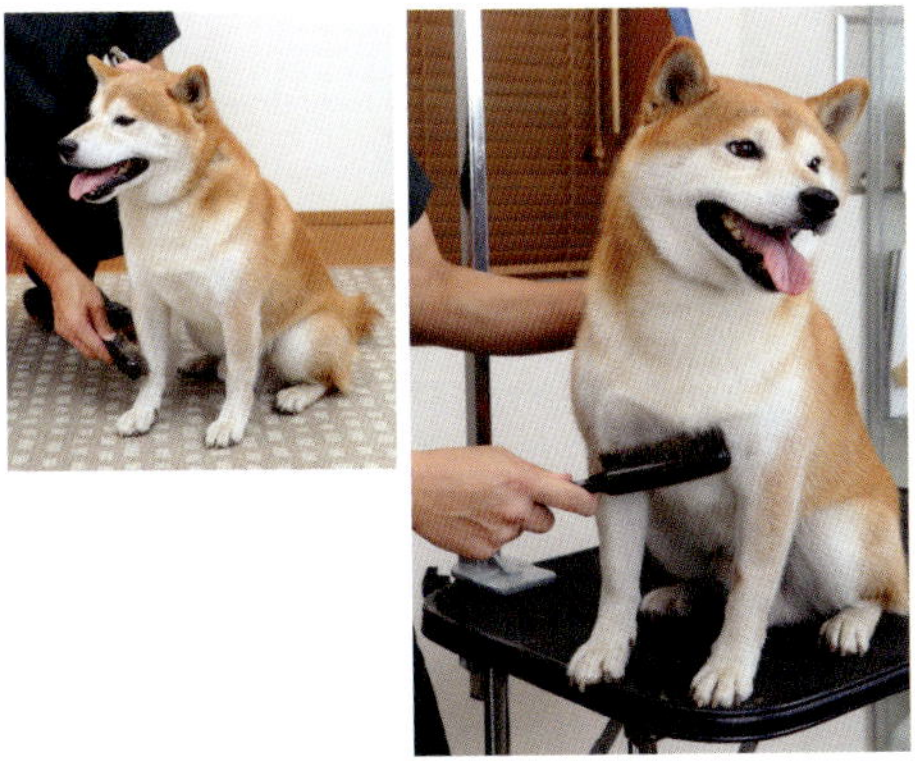

6

胸とおなか、足をとかします。白い部分（裏白）は敏感なので、背中をそっと支えながら獣毛ブラシで少しずつとかしましょう。

落ちにくい汚れには「パウダー」

毛に皮脂や排泄物などが付いて落ちにくい！ そんなときに役立つのがベビーパウダー。汚れが粉にくっついて落ちやすくなります。汚れた部分に振りかけて、白く見えなくなるまでブラシでなじませてからタオルでふき取りましょう。

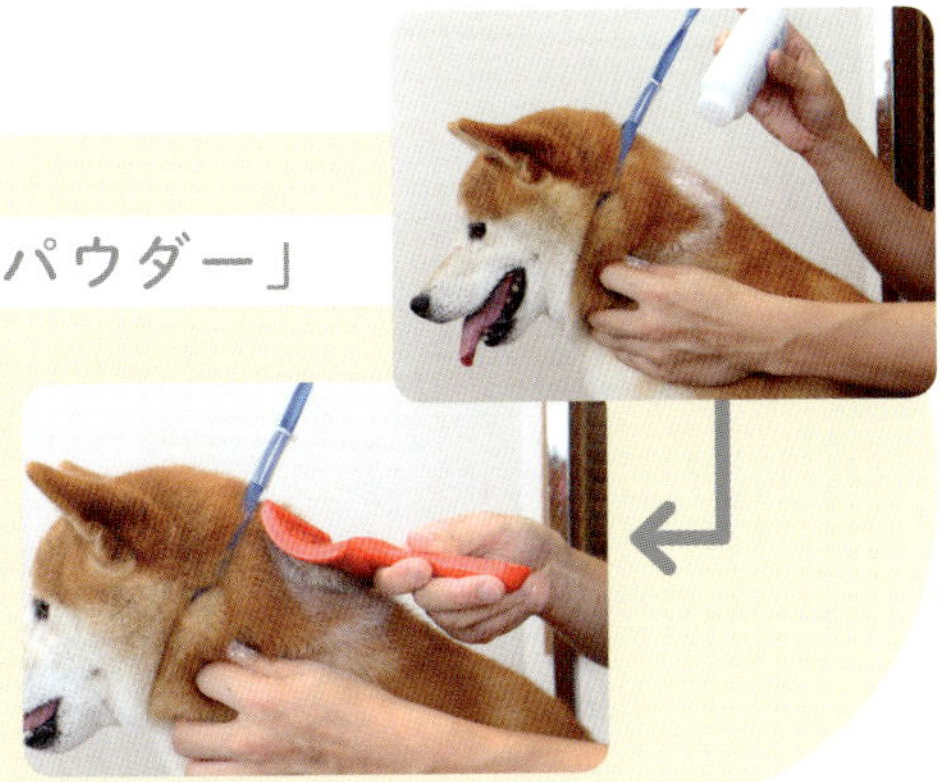

蒸しタオルでふく

蒸しタオルでふくと
ある程度汚れが落ちます。
ブラシを嫌がるとき、
時間がないときにもおすすめ。

お湯で
濡らして
かたく絞った
タオルでもOK

1 蒸しタオルで、体をふきます。表面の汚れ落としが目的なので、毛並みに逆らってふいてもかまいません。

2 柴犬の口周りはブラッシングしづらいので、タオルでふくのがおすすめ。汚れやすい部分なのでしっかりと。

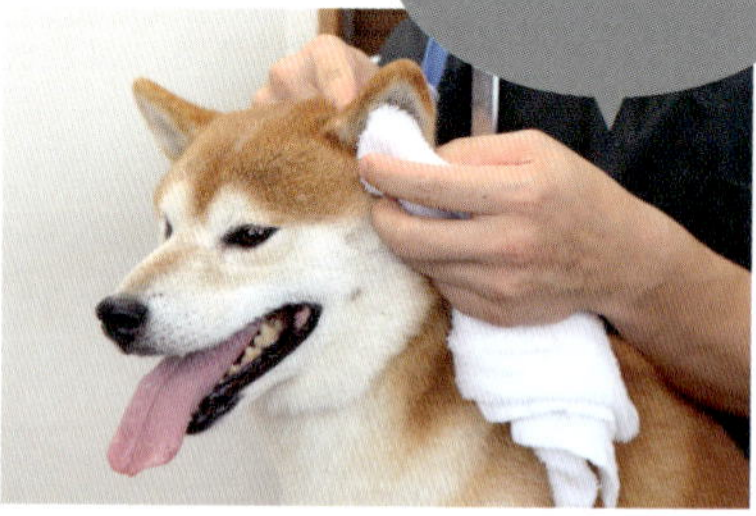
見える範囲だけに
しておきましょう

3 耳は、イヤークリーナーをしみ込ませたタオルや布でふきます。

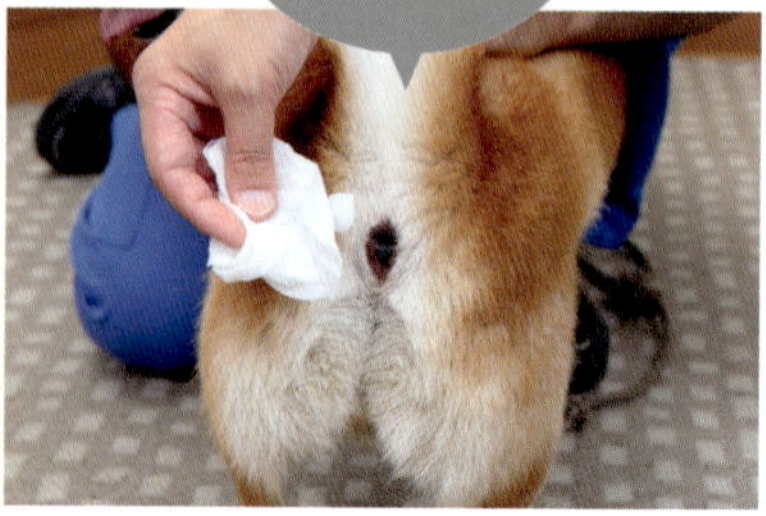
赤ちゃん用の
お尻ふきを
使っても◎

4 お尻周りも汚れやすいところ。蒸しタオルはもちろん、除菌スプレーなどで湿らせた布でやさしくふきます。

おやつを使って
「オスワリ→解除」
繰り返すと足踏みと
同じ効果アリ

5 足先も汚れやすいのでふきます。嫌がるときは、タオルの上を歩かせたり、足踏みさせてみましょう。

シャンプー＆ブロー

力で押さえ込むと、
「シャンプー＝嫌なこと」と
覚えられてしまいます。
嫌がらせないことが重要！

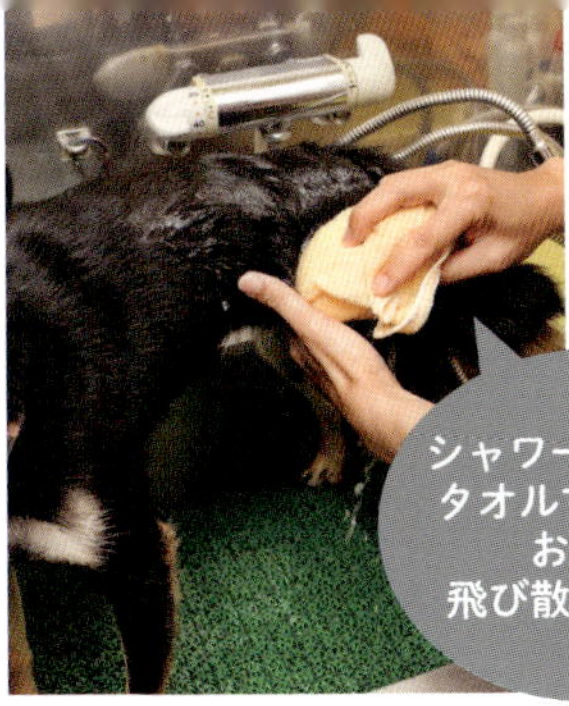
シャワーヘッドを
タオルで包むと、
お湯が
飛び散りません

1 ブラッシングで抜け毛やホコリを取りのぞいてから、スタート。後ろ足の足先（心臓から遠いところ）から、ぬるま湯で体を濡らしていきます。

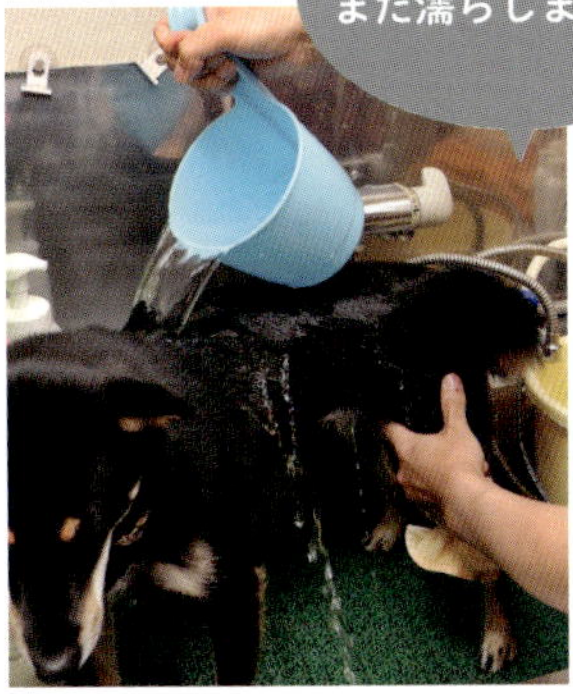
顔（頭）は
まだ濡らしません！

2 お尻から前に向かって、少しずつ濡らしていきます。手おけを使っても良いでしょう。

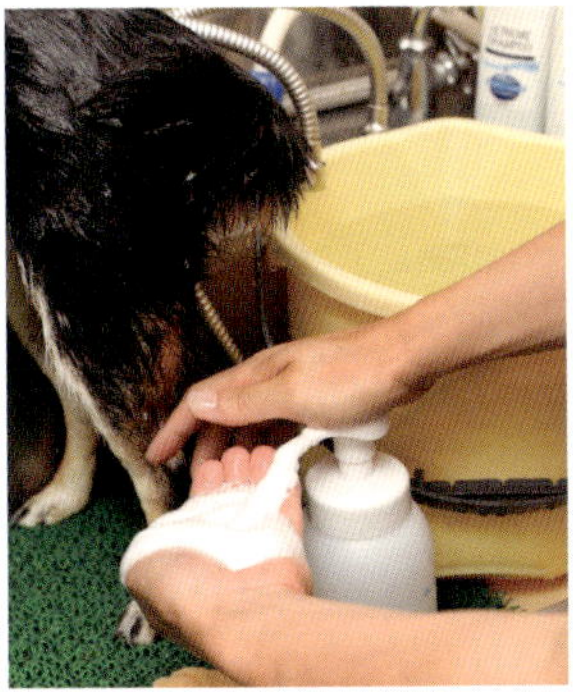

3 シャンプーを、スポンジや泡立てネットで泡立てます。泡が出るポンプを使うと便利。

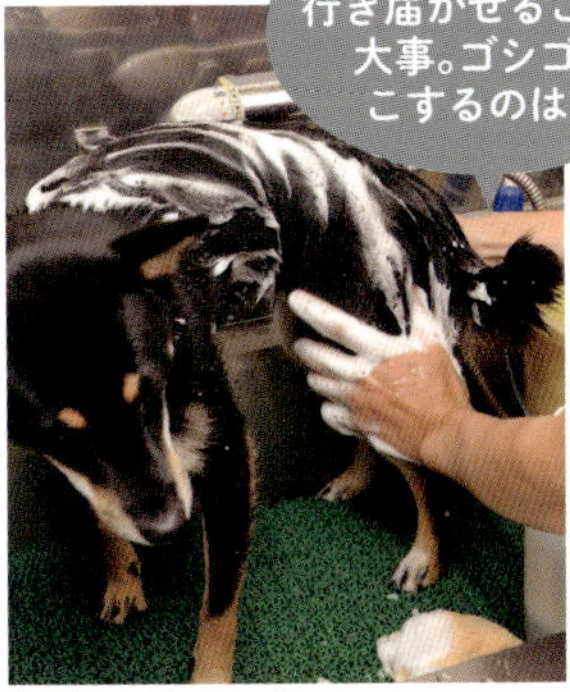
泡を皮膚まで
行き届かせることが
大事。ゴシゴシ
こするのは×

4 泡立てたシャンプーを手に取り、濡らした部分に付けてなじませていきます。

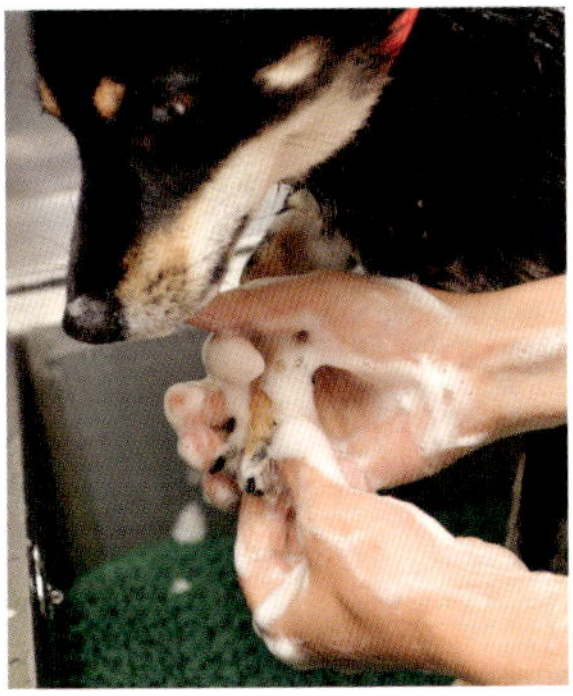

5 足先は、指のあいだまでていねいに泡を付けていきます。

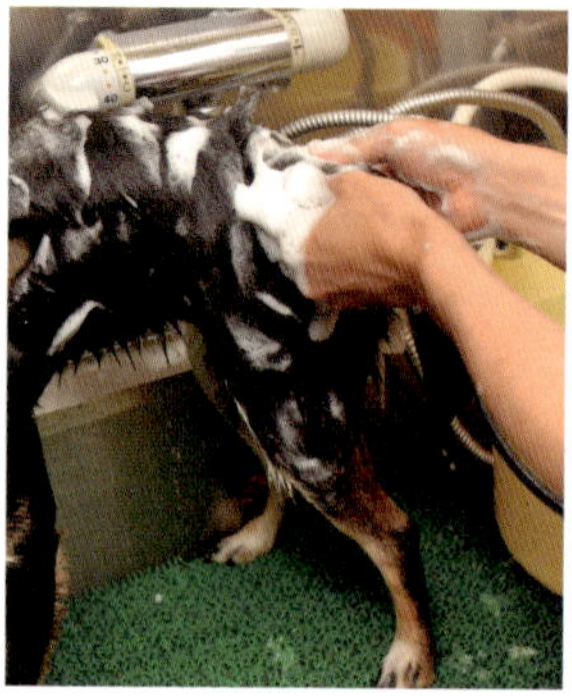

6 しっぽの付け根は脂っぽくなりがち。毛をしっかり分けて、皮膚まで泡をなじませます。

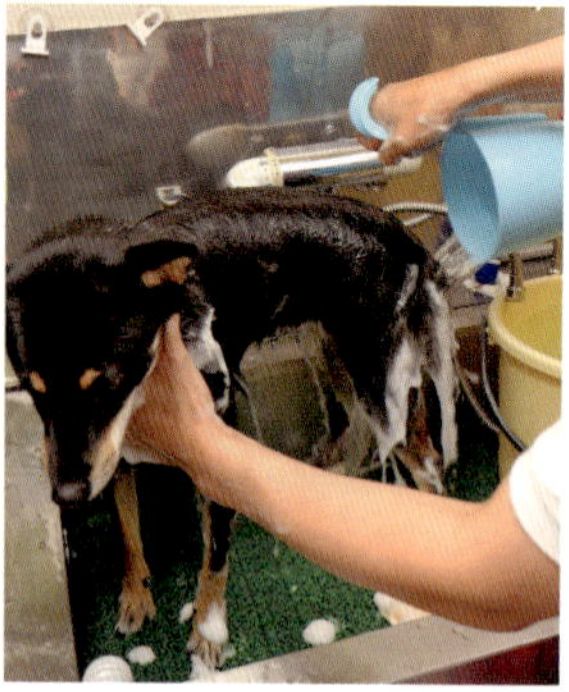

7 体をすすぎます。シャワーや手おけを使い、毛が「キュッ」とした手ざわりになるまで流します。

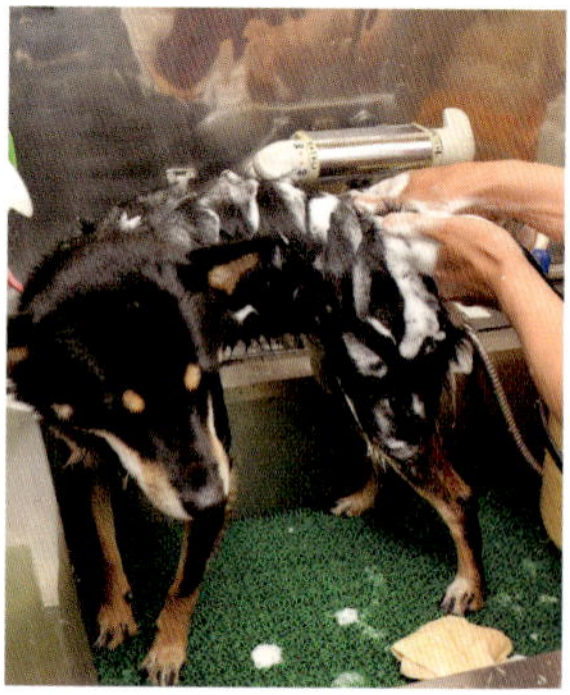

8 毛に皮脂が残っているようなら、もう一度シャンプーします(③～⑧)。

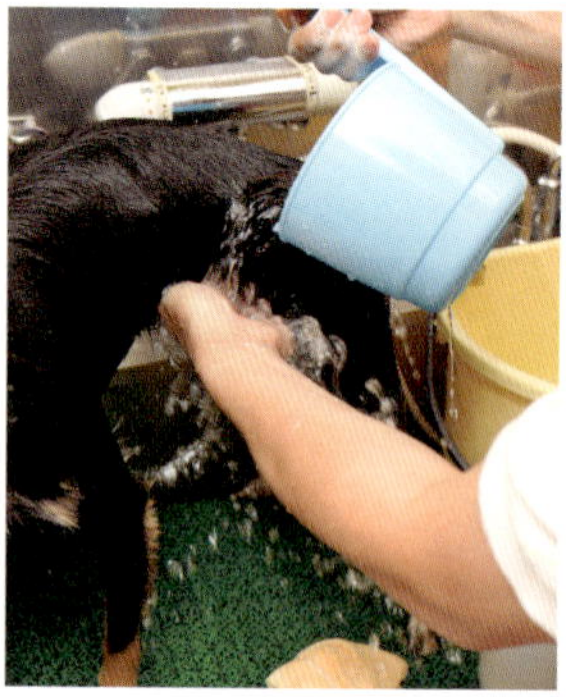

9 指のあいだ、脇、おなかなどはすすぎ残しがちなので、とくにていねいに。

10 ここで頭を洗います。まず、ぬるま湯に浸したスポンジや小さいタオルで濡らします。

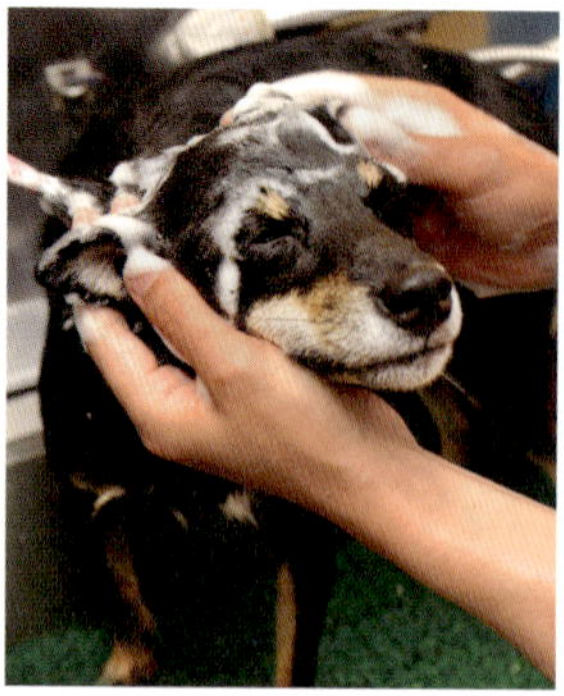

11 ④と同様に、泡を付けてなじませてから洗います。

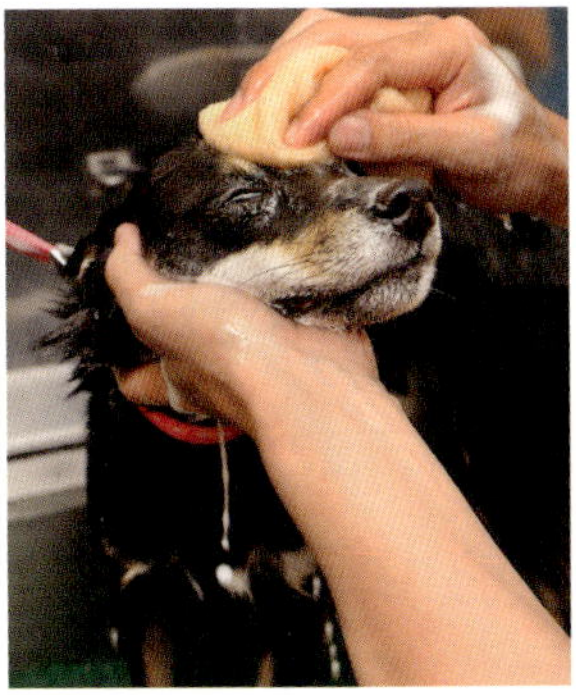

12 ぬるま湯に浸したスポンジや小さいタオルで、泡がなくなるまで完全にすすぎます。

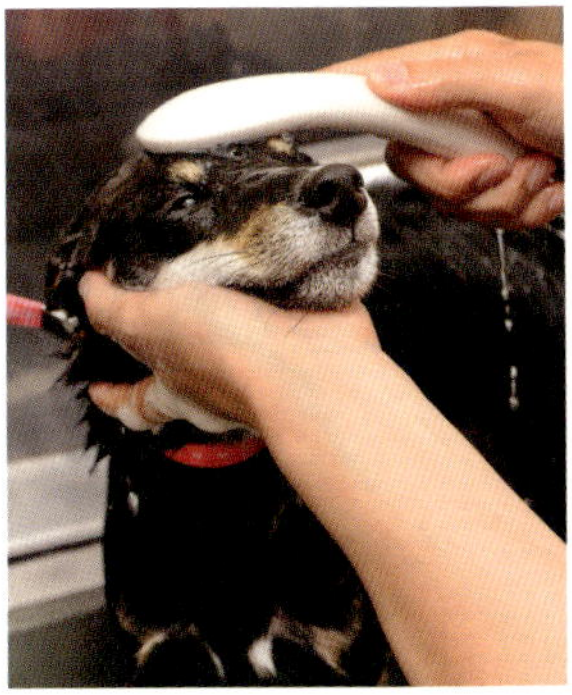

13 シャワーを使うときは、シャワーヘッドを皮膚に密着させて水はねを防ぎます。

きしみを
抑えて被毛を
保護する
働きがあります

14 タオルで軽く水分を取り、体→頭の順にコンディショナーをなじませます。

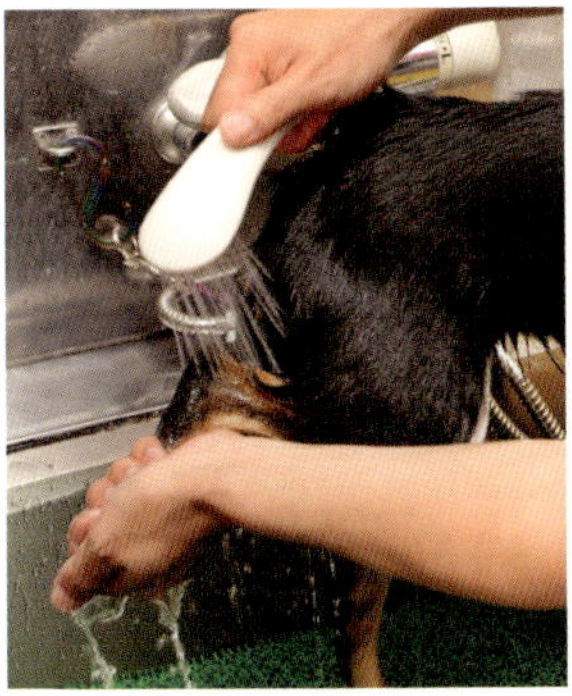

15 ⑦、⑫と同様の手順で、全身を十分にすすぎます。

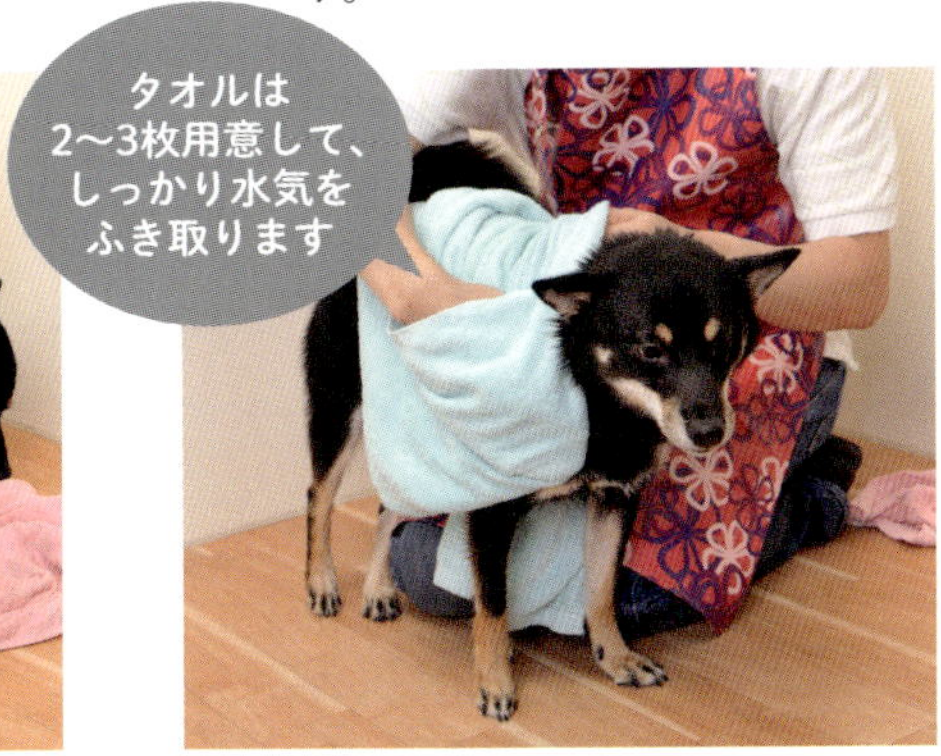
タオルは
2～3枚用意して、
しっかり水気を
ふき取ります

16 タオルで体を包み、上から手で押さえるようにして水分を取ります。

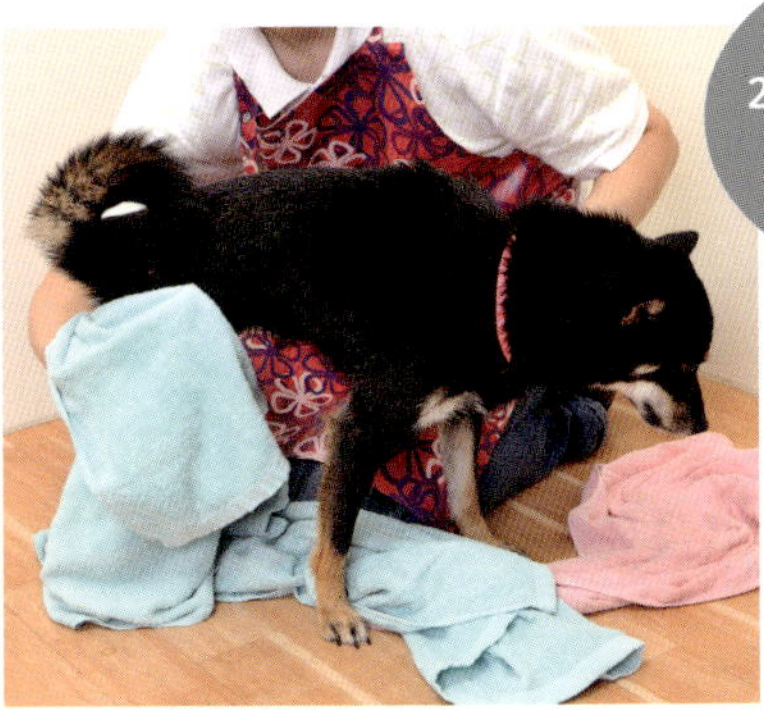

17 足は1本ずつタオルで包み、軽く握るようにして水分を取ります。

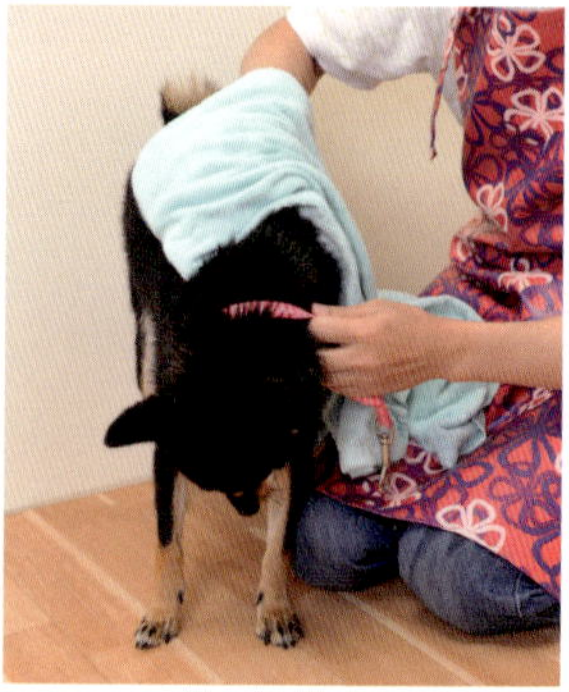

18　皮脂の多い背中、毛が暑い首周りやお尻などは水分が残りやすいので、しっかりと押さえます。

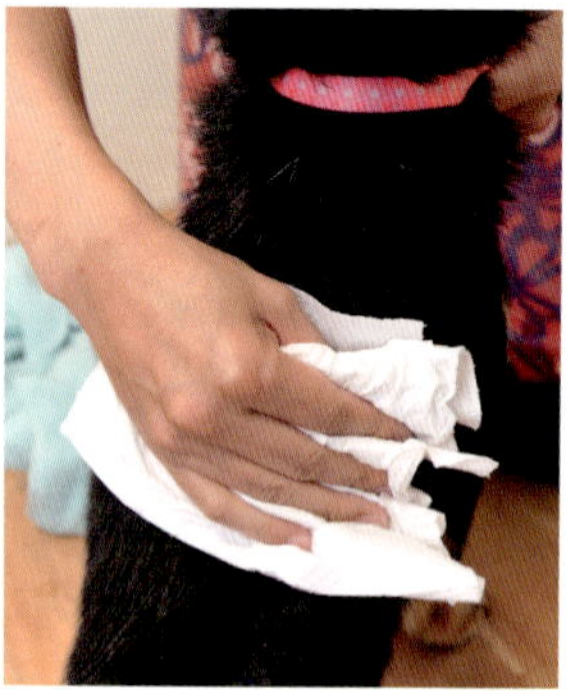

19　キッチンペーパーを体に当てて押さえ、さらに水分を取ります。

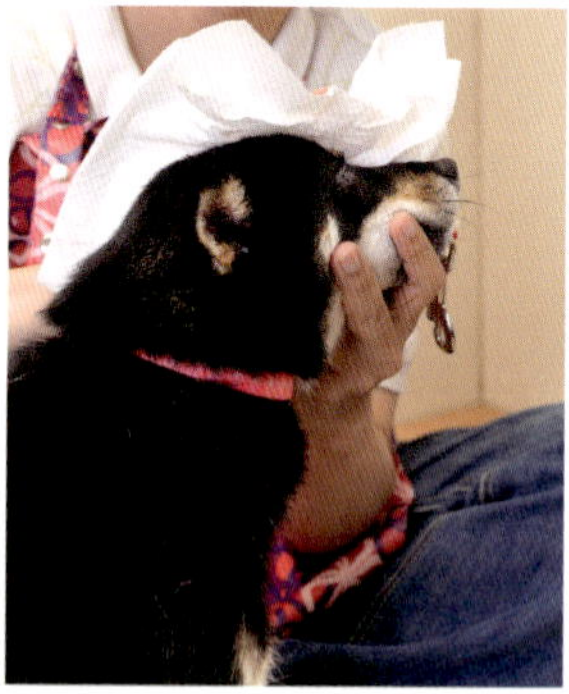

20　顔にはドライヤーをあまりかけずに済むよう、とくにていねいにふき取ります。

21　ドライヤーは弱風にセット。犬には風を当てずに、まずは音だけ聞かせてみます。

22　犬が音に慣れたら、スリッカーブラシやピンブラシでとかしながら、犬が嫌がらない距離から風を当てます。

壁と体で犬を囲むと、脱走を防止できます。リードを着けるのもおすすめ

柴シャンプーのコツ

ドライヤーを怖がる犬は多く、ストレスになりがちです。シャンプー後にタオルで体の水気を取ったら、犬を暖かい部屋で休ませながら自然乾燥させるのがおすすめ。それからドライヤーを使えば、風を当てる時間をかなり短縮できます。

「お手入れって気持ちいいかも……？」と思ってもらえれば、毎度格闘することはなくなるはず。そのためにも作業は手早く、嫌な思いをさせないことが大事なのです。

爪切り

爪が床に着くと、ケガの原因に。長すぎるようなら切りましょう。

使う道具

ヤスリ
切り口の角をこすって丸く整えます。

ここではコレを使用

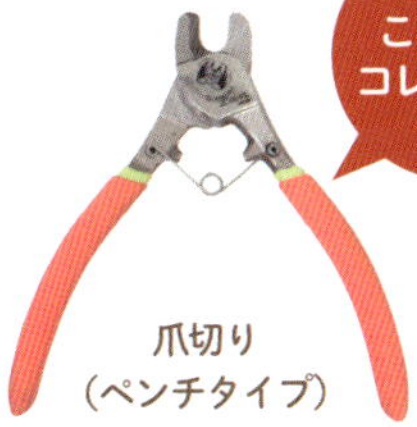

爪切り（ペンチタイプ）
刃で爪を挟み込んで切ります。

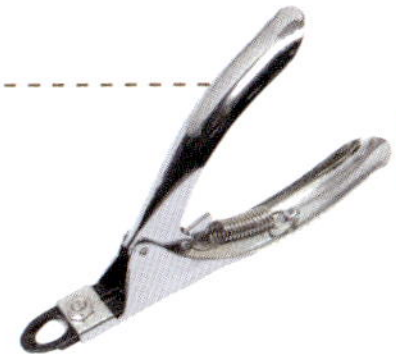

爪切り（ギロチンタイプ）
鋭い刃で爪をスパッと切ります。

1 犬を抱いて体を密着させ、足を軽く持ち上げます。強く握って痛がらせないよう注意。

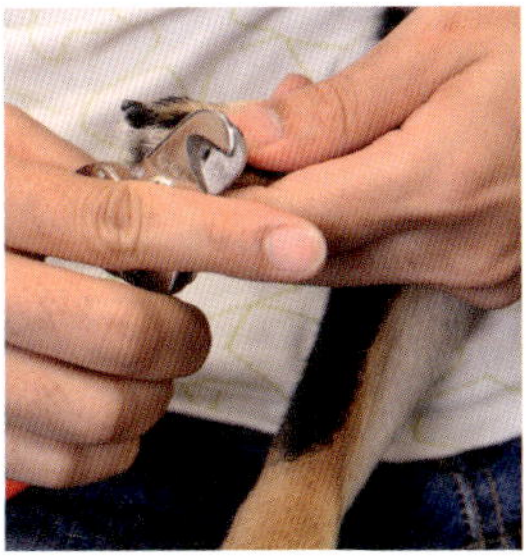

2 一度に短くしようとせず、先端から少しずつ、削るように切ります。

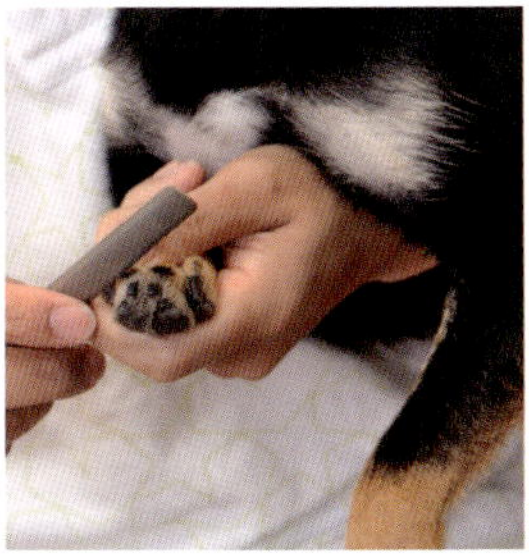

3 ヤスリを一方向に動かして、切り口の角を取ります。嫌がるときは、ヤスリだけでもOK。

歯みがきが必要なワケ

**お手入れのなかでもハードルが高い「歯みがき」。
でも、やらないとこんな怖い病気のもとになるのです。**

歯周病とは？

まずは犬の歯周病の概要をご説明します。

歯周病の最大の原因は歯に付着する歯垢です。歯垢は、細菌が排泄物より多く含まれるほどの〝細菌の塊〟。この細菌の産み出す毒素が歯周病を発生・進行させるのです。歯周病には、歯肉炎と歯周炎の2つの段階があります。

歯肉炎

歯肉溝（溝のような形状で歯垢が溜まりやすいところ）に溜まった歯垢中の細菌が作り出す毒素が、歯肉に炎症を引き起こした状態。この段階では、歯みがきを徹底することで改善が可能です。

歯周病

歯肉炎をそのまま放置していると、細菌によって歯周組織（歯肉、歯根膜、歯槽骨、セメント質）が破壊されて歯肉溝が深くなり、歯周ポケットと呼ばれるすき間ができます。この状態が歯周炎です。ポケットの奥深くに溜まった歯垢は、歯ブラシでもなかなか取りのぞくことができません。これが歯周組織や骨を破壊し、最終的には歯の根元がぐらついて、抜け落ちてしまうのです。

口内に付着した歯垢は、犬の液中に含まれるミネラルと結合して石灰化し、3〜5日で歯石に変わります。歯石自体は犬の歯に影響を与えませんが、表面にとても細かい凹凸があるため歯垢の絶好のすみかとなり、歯周ポケットをみがくときの邪魔になります。歯石は動物病院で除去しなければなりません。

歯の構造と歯周ポケット

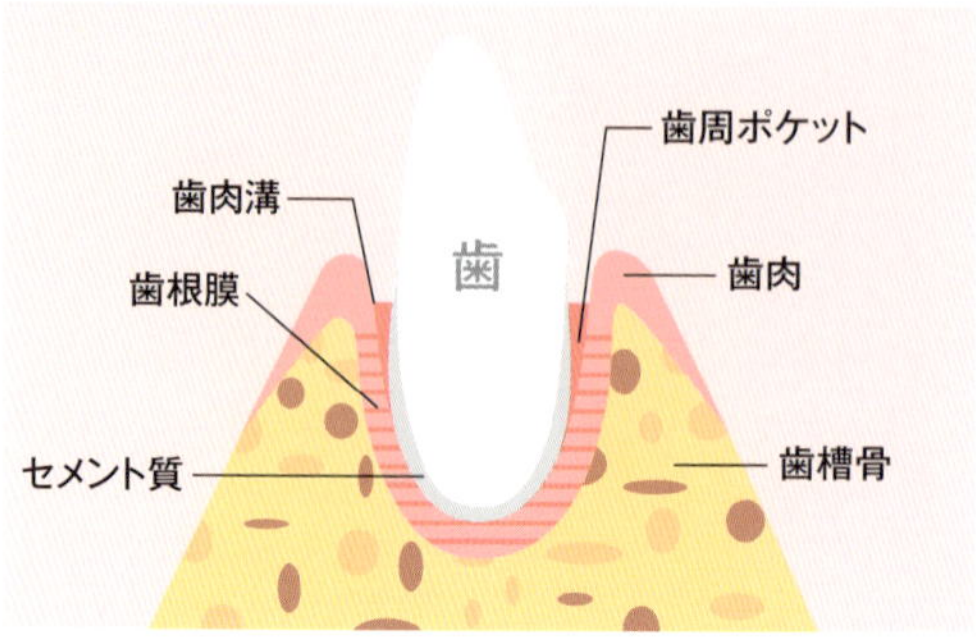

歯周病の症状とサイン

早期発見が大切ですが、
症状が出にくいのが困ったところ。
小さなサインも見逃さないで！

歯周病のサイン

歯周病は〝静かなる病気〟ともいわれ、最初は痛みもほとんどなく、少しずつ時間をかけて進行するのが特徴です。「ごはんが食べにくそう」、「食欲がない」などのはっきりした症状が見られるころには、歯を支える歯周組織の破壊が進んで、抜歯以外の治療方法がなくなっていることもあるほど。歯周病を早期発見するためにも、愛犬に次のようなサインがないかチェックしてください。

①歯ぐきの色や腫れ

歯周病の最初の変化は歯肉に起こります（歯肉炎）。歯肉溝に溜まった歯垢が歯肉に接触すると、歯肉は細菌から身を守ろうと炎症を起こします。歯肉が赤くなったり腫れていたら、すでに歯肉炎が起こっていると判断できます。

また、炎症を起こしている歯肉は簡単に出血します。ふだん遊んでいるオモチャや歯みがき用のガーゼ、歯ブラシなどに血が付くようなら要注意。

②口臭

歯周ポケットの深部に存在する細菌は悪臭を放つため、犬の口臭が気になるようなら歯周病が進行している可能性があります。毎日一緒に生活していると気付きにくいので、注意してください。

重症化すると……

重度になると歯周組織が破壊されて歯根（歯の根元）にまで歯垢が溜まり、周囲が膿んでしまいます。上あごの犬歯で起こると、鼻の中で細菌感染を起こしてくしゃみが出るようになります。また、下あごの前歯に起こるとあごの先

そのほかのサイン

- 歯を押すとぐらぐらする
- 食事を食べにくそうにしている
- くしゃみをよくする
- 顔が腫れている
- 目やにが出る

犬は虫歯にならない？

人間にとって歯の主な疾患と言えば歯周病と虫歯ですが、犬にはあまり虫歯が見られません。虫歯は口内の細菌が酸を作り出すことで引き起こされる病気ですが、人の口内が弱酸性なのに対して犬の口内はアルカリ性。酸を中和して虫歯菌の繁殖を抑えやすいのです。また、人には臼状の平らな形の歯が多いのに対して犬の歯は尖っているため、歯に虫歯菌が溜まりにくいのも原因のひとつです。

一方で、犬の口内はアルカリ性ゆえにミネラルが石灰化して歯石が付きやすく、歯周病のリスクが高くなります。歯垢が歯石になるまでにかかる日数は人では25日程度ですが、犬では3〜5日とかなり早いのです。

端が溶けてなくなり、奥歯で起こるとあごが折れることもあります。

そのほか、細菌は腫れた歯肉から血管に侵入して全身に回り、心内膜炎や糸球体腎炎などの重篤な疾患を引き起こす可能性があります。血管に入った細菌が体内で死ぬと、毒素が体内に残って悪影響を及ぼすケースも見られます。このように歯周病は、体内でさまざまな病気を引き起こす全身性疾患でもあるのです。

治療について

歯周病は、犬の年齢、犬種、重症度、処置後のケアや飼い主さんの考え方によって治療方法が多岐にわたります。初期段階であれば、歯みがきを徹底することで歯肉の炎症が治まることもあります。

しかし、歯の全体に歯石が付着している、歯肉の炎症が強い、口臭が強い、歯がぐらついているなどの症状が認められる場合には、全身麻酔をかけて専門的な歯石除去手術（スケーリング）を行います。そのような状態の犬は見た目以上に症状が進行していることが多くなっています。

一度破壊されてしまった歯周組織は元に戻らないので、状況が悪化する前にしっかりと治療を行い、その後のケアで歯の健康を保つことになります。全身麻酔に対して抵抗のある人も多いと思いますが、健康状態に問題のない犬であれば安全で有効な手段です。

症状があまりに進行すると、最終的に歯を抜くしか選択肢がなくなってしまいます。可能であれば歯科治療の経験豊富な獣医師と相談しながら、早い段階で治療プランを組み立ててください。

スケーリング前

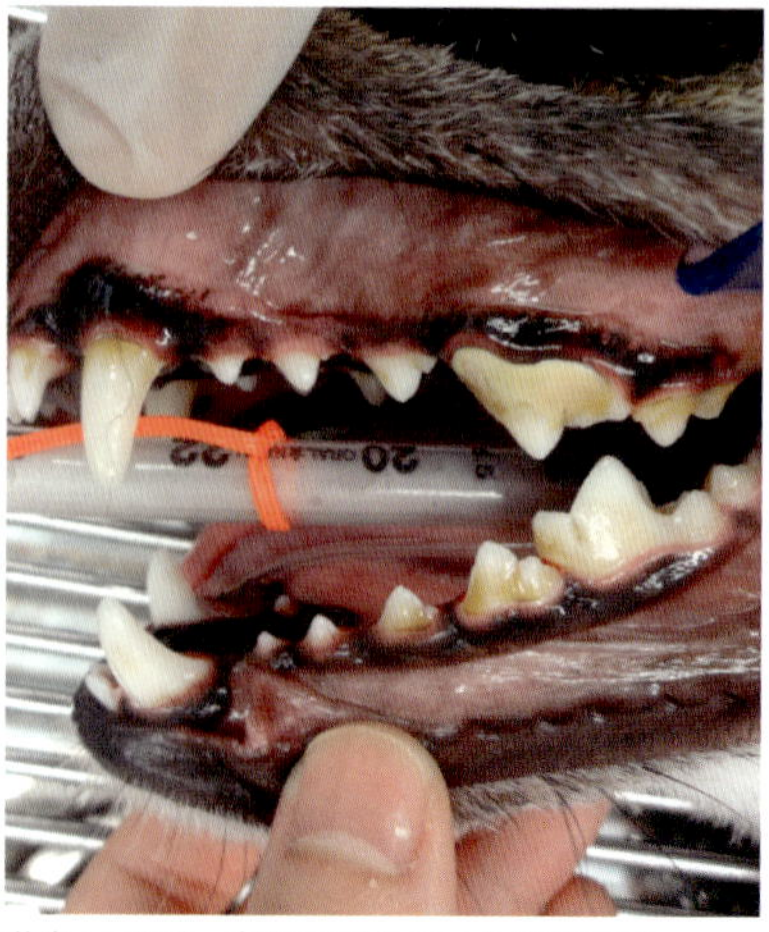

黄色いのが、歯にこびりついた歯石です。

スケーリング後

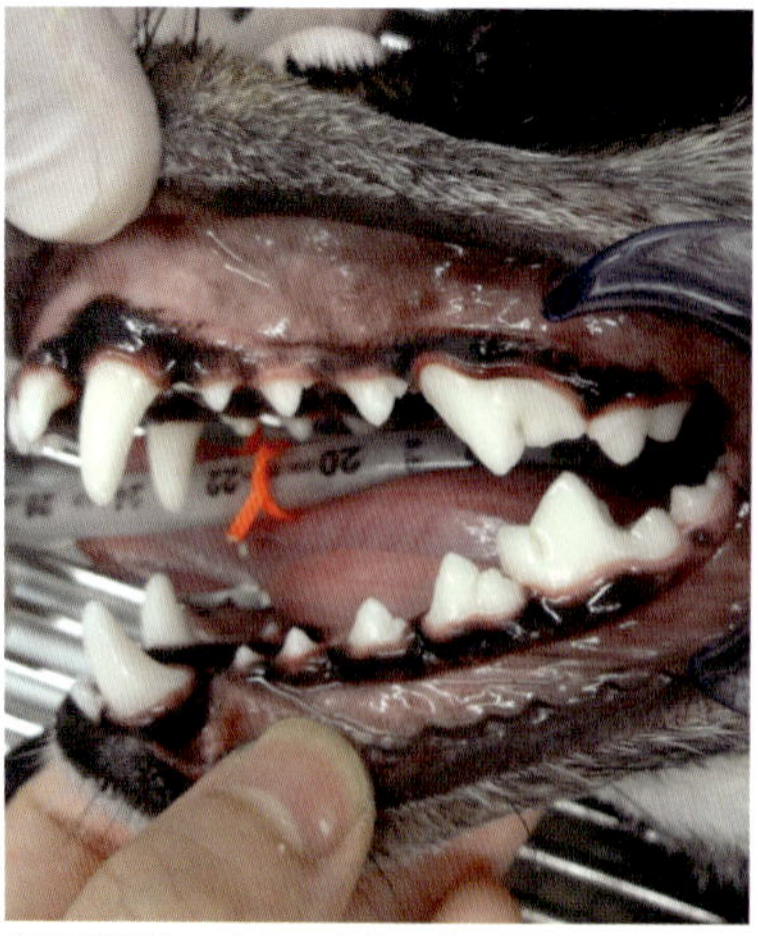

歯石が取れ、きれいな白い歯に戻りました。

「柴歯みがき」の心得

さっそく歯みがきにチャレンジ！……の前に、
警戒心の強い柴犬はちょっと注意が必要です。

柴との歯みがき・4つの心得

1 まずは人がリラックス

歯みがきを嫌がる柴犬が多いものですが、じつは飼い主さんの「今からみがくぞ！」という気合いと緊張が伝わってきて、苦手意識につながっていることも……。まずは飼い主さんがリラックスすることが、柴犬との歯みがきの第一歩です。

2 少しずつ、地道に

口周りをさわられるのは、犬にとってもかなりイヤなこと。P86を参考に、毎日少しずつでも続けてみましょう。ただ、犬が歯を立てるなどなかなか進展しないときは、無理せずドッグ・トレーナーや獣医師に相談を。

3 おやつをうまく使う

愛犬のやる気がなくなってきたときには、おやつが効果的。歯みがき中でもこまめに与えることで、苦手感を軽減することができます。犬の目に入る入りにおやつを置いておくことで集中力を保つ効果も。

4 みがくのは歯の根元！

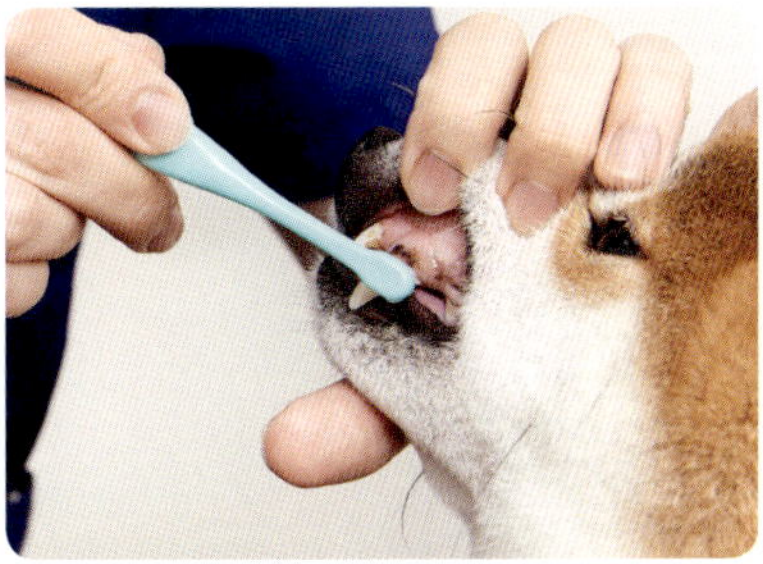

犬の歯みがきの目的は、歯肉溝に溜まった歯垢を取りのぞくこと。歯の表面や先端ばかりみがいても、あまり効果はありません。ガーゼや歯ブラシは、歯と歯肉の境目に当てるようにしてください。

ステップ方式・歯みがきの手順

「いきなり歯ブラシ」はなかなかハードルが高い！
そんなときは、さわるところから徐々に慣らしてみては？

①手でさわる

まずは抵抗感の
少ない「手」で
さわってみましょう。

犬歯を嫌がる
ようなら、奥歯や
前歯で試してみて

1 犬の唇をめくり、もう片方の手で犬歯をほんの少しさわります。嫌がる前にやめるのがポイント。

2 ①ができたら、すぐにおやつを与えてほめます。さわれる歯が増えたり、長くさわらせてくれるようになったら、その都度おやつを与えてください。

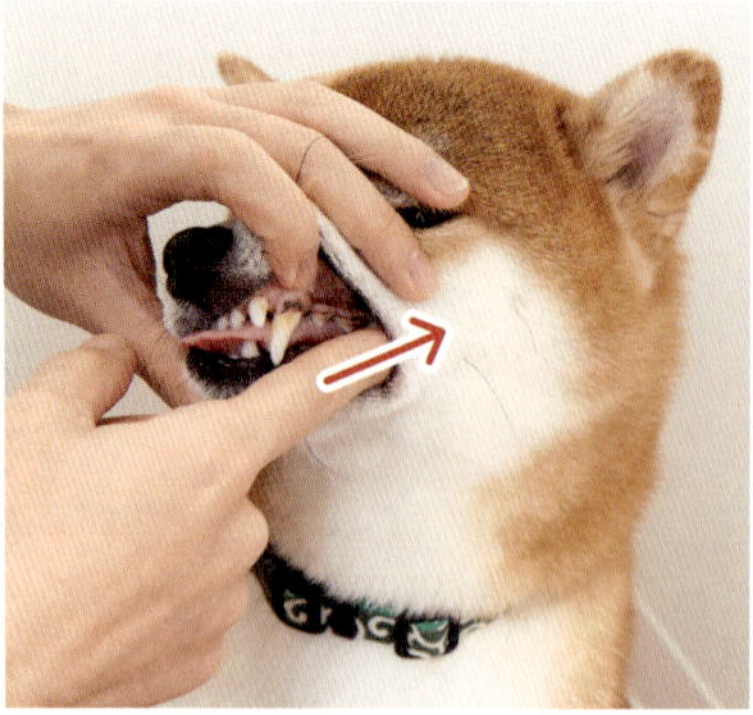

3 慣れてきたら犬歯を軽くなでたり、そのまま指を入れて奥歯をさわれるよう練習してみましょう。

②ガーゼでさわる

次に、指にガーゼを
巻き付けてみます。いよいよ
「歯みがき」と言える段階です。

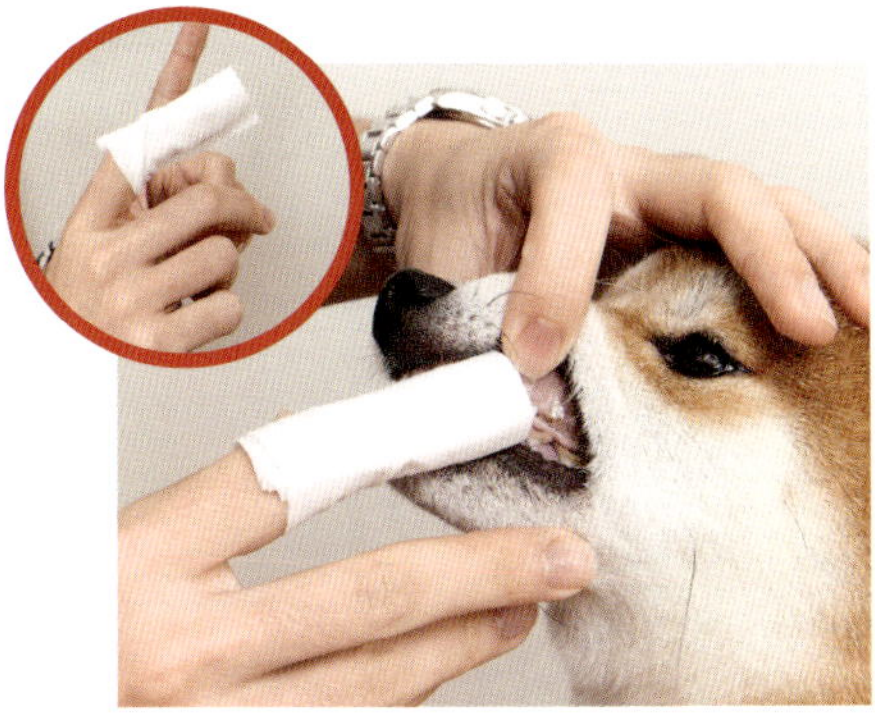

1 犬のオーラルケア用のガーゼを水で濡らします。人さし指に巻き付け、手でさわったときと同じようにやさしく上の犬歯にふれます。

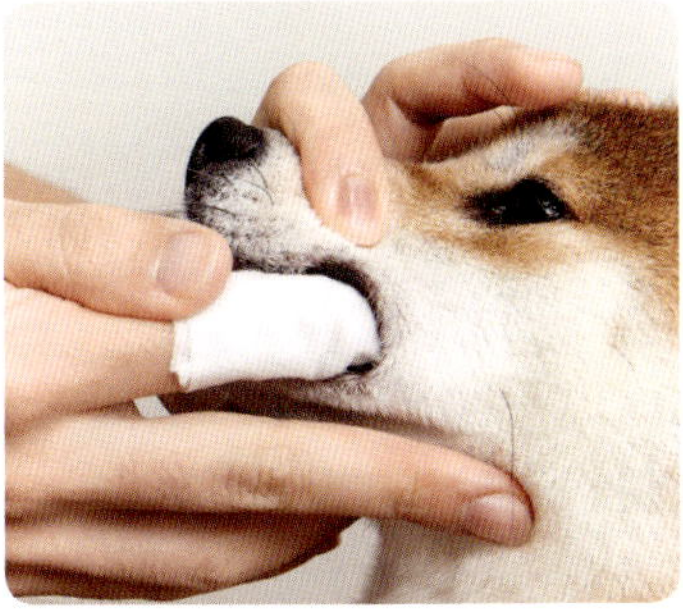

唇は、無理にめくらなくても大丈夫。とにかく「嫌がること」はしないように！

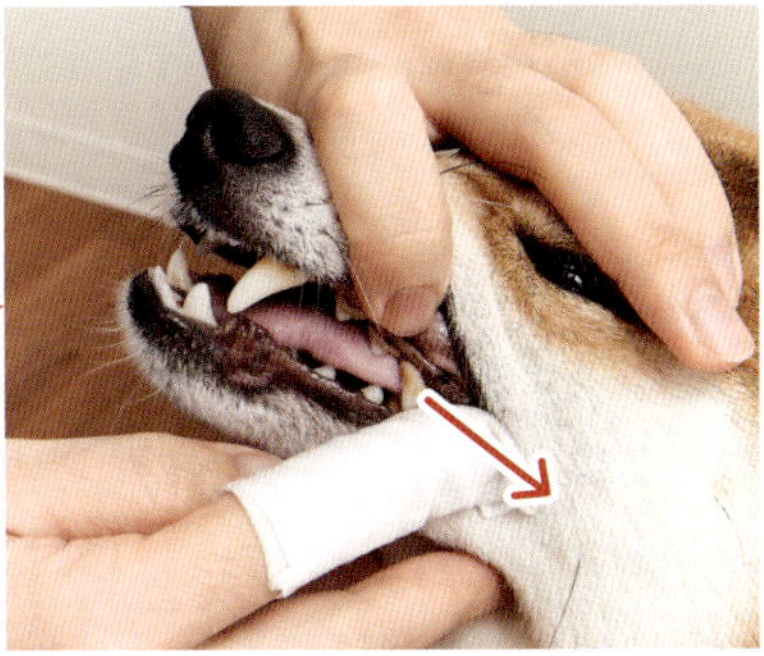

2 そのまま指を奥歯の方向へスライドさせ、歯と歯ぐきのあいだをやさしくこすります。

歯ブラシへの道

歯にさわれれば、ガーゼを使うのは比較的簡単。ただ、ここから歯ブラシに慣れるのには時間がかかることも。あまりに難しい場合は、動物病院にお願いするのもひとつの手です。

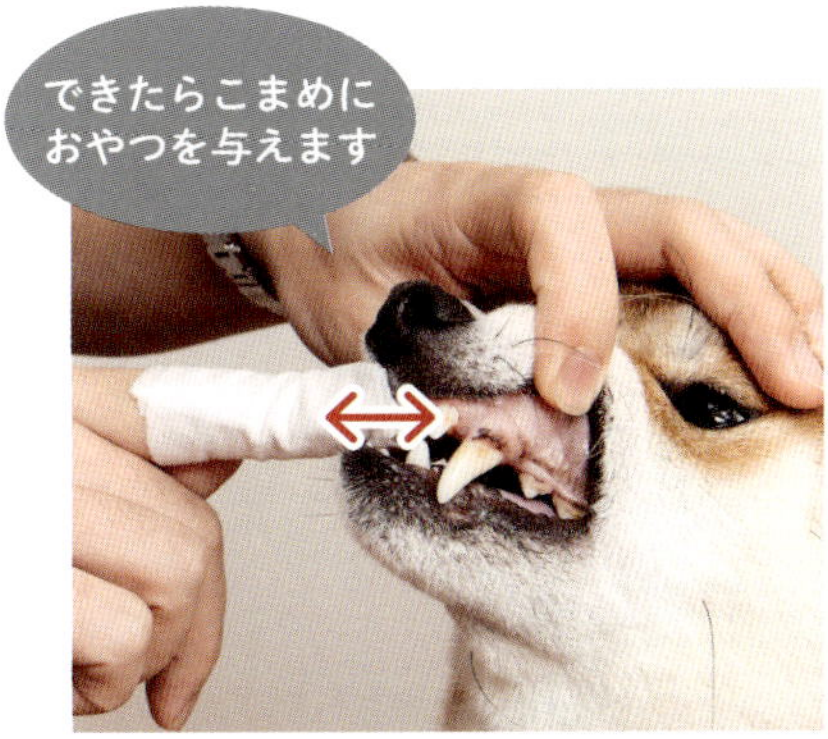

3 続けて切歯（前歯）をこすります。歯に対して指を横に当て、左右にやさしく動かします。

③歯ブラシを使う

**これができたら免許皆伝！
みがく前に、慣らすことから
初めてください。**

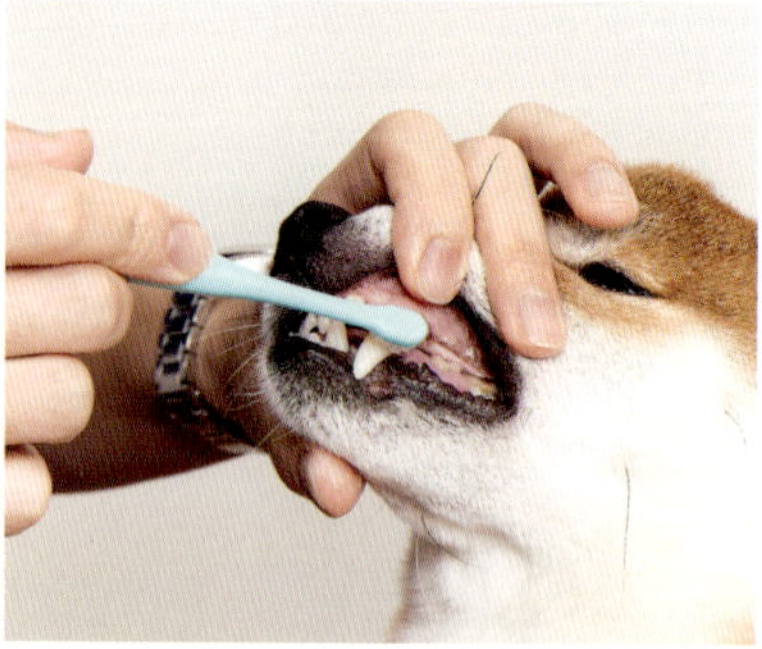

1 歯ブラシの毛先を犬歯と歯肉の境目に当てて、やさしくブラッシングします。

2 そのまま歯ブラシのヘッドを奥歯側に入れ、奥歯をみがきます。歯肉溝の歯垢を落とすイメージで。

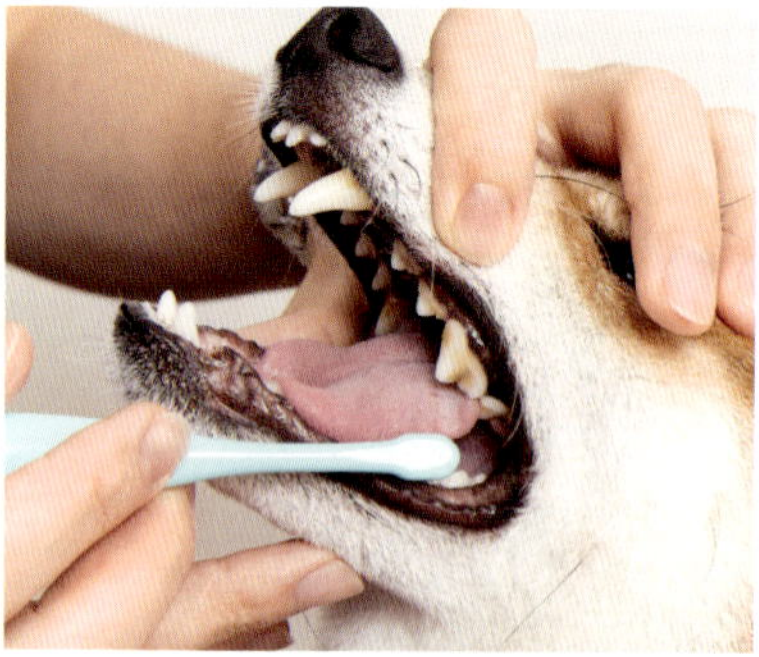

3 口を閉じると上の歯が覆いかぶさる部分は、口を開けさせてみがきます。

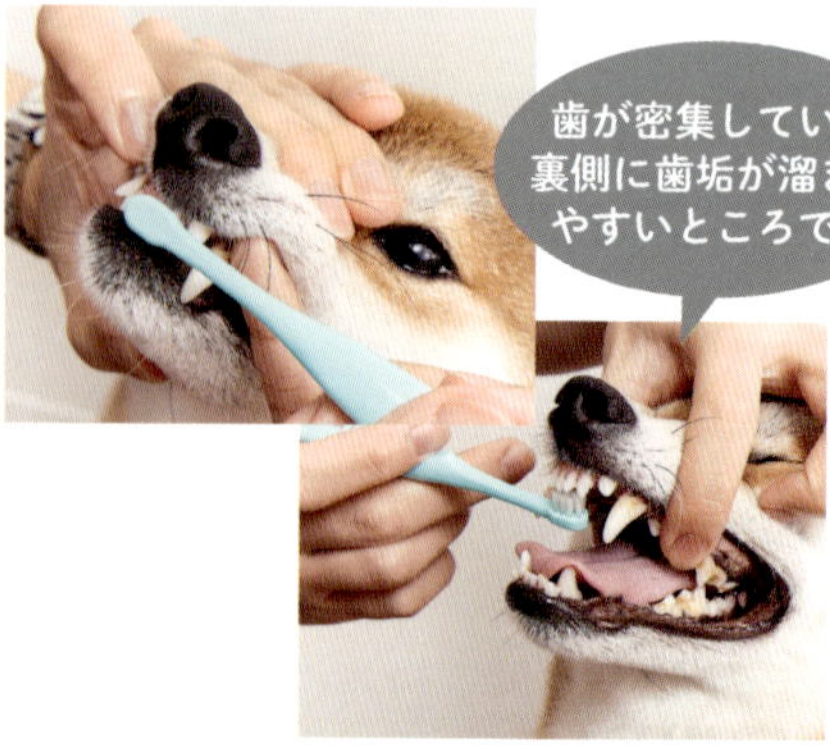
歯が密集していて
裏側に歯垢が溜まり
やすいところです

4 歯ブラシを小刻みに動かして、切歯（前歯）をみがきます。表も裏もしっかりと。

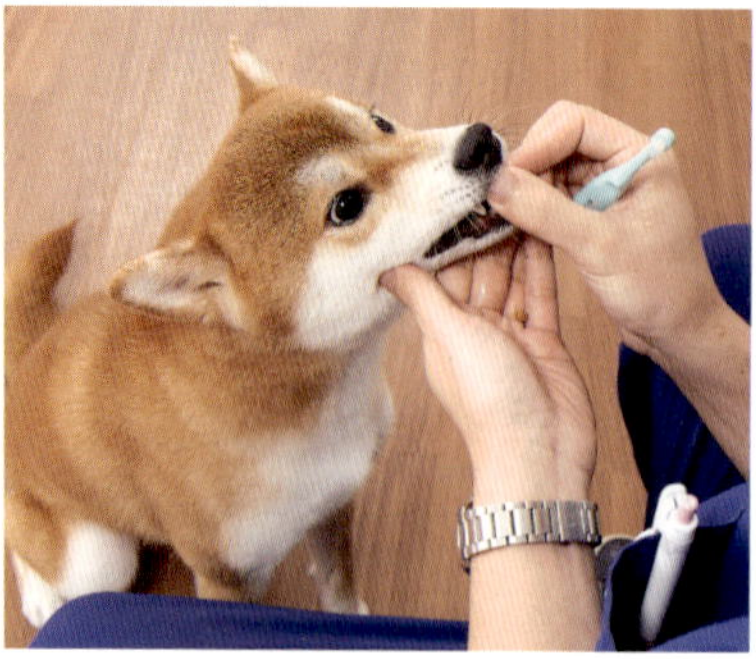

5 みがき終わったら、ごほうびのおやつを与えましょう。

歯ブラシ攻略法

●おやつを与えながら歯をみがく

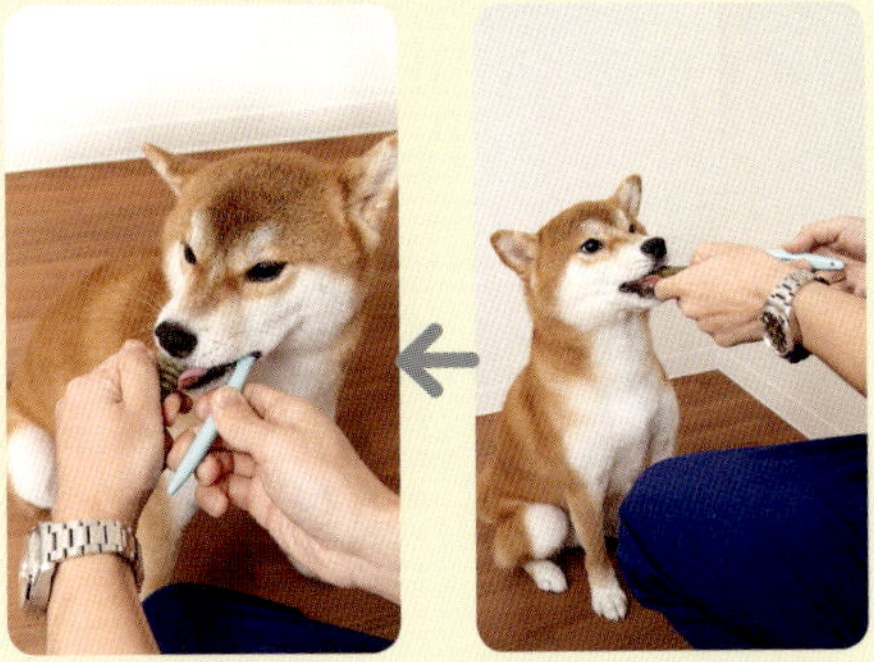

スティック状のおやつをくわえさせて、夢中になっているすきに歯ブラシを歯の側面に差し込みます。

●歯ブラシを持って
おやつを与える

ふだんおやつを与えるときに一緒に歯ブラシを見せて、良いイメージを持たせます。

柴の歯にまつわるQ&A

Q 歯みがきガムは歯みがきの代わりになる？

A ある程度の効果は見込めますが、それはガムを噛む臼歯（奥歯）のみ。やはり歯みがきに勝るものはありませんが、ガムを与えるときは飼い主さんが手で持ち、切歯や臼歯を含めいろいろ歯で噛ませるような工夫を。あくまで歯みがきをサポートするアイテムです。

Q 歯みがきをするベストなタイミングは？

A 犬の歯みがきは、1日1回が理想（ただし歯周病治療が終わった後などは1日2回）。就寝中は口内細菌が増えやすいので、歯みがきはその前後（起床時や寝る前）にするのが効果的です。犬に最も集中力がある食事の前などでもOK。

Q 愛犬に合った歯ブラシの選び方は？

A ヘッドが犬歯の横幅1本分くらいの大きさの歯ブラシがおすすめ。少し力を入れるとたわむくらいのやわらかさがよいでしょう。人間用の歯ブラシでも代用可ですが、大人用はヘッドが大きすぎ、乳幼児用は毛先が硬めなので注意してください。

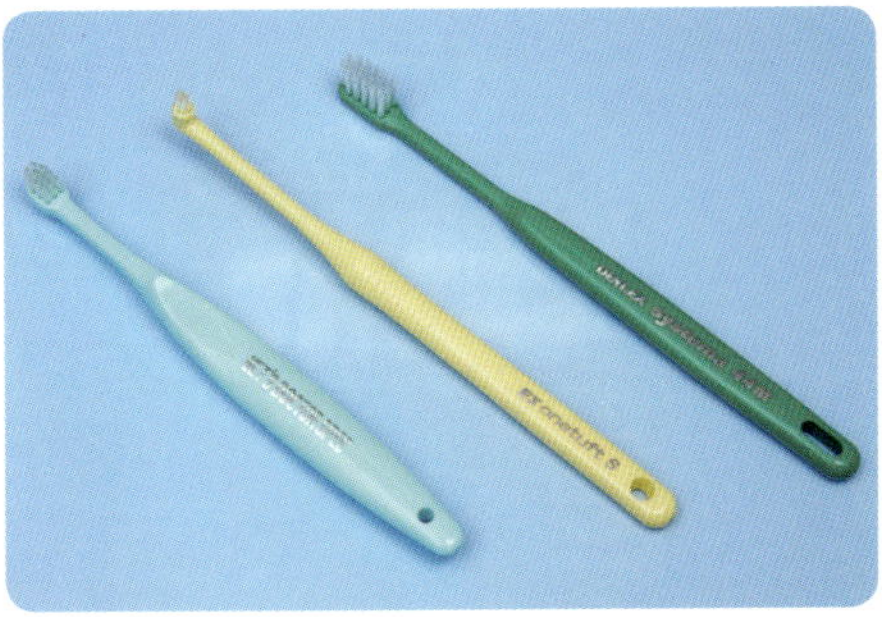

柴犬のためのマッサージ

ストレスを感じる柴犬も多いという昨今。
スキンシップにもなるツボマッサージを取り入れて、
愛柴の疲れや気になる症状をやわらげてあげましょう。

マッサージの効用

「ツボマッサージ」の目的や、
その効果とは？

経絡《けいらく》の流れを整える

東洋医学では、人や犬の体内に「経絡」という通り道があると考えます。経絡には心と体のバランスを整える「気《き》」、「血《けつ》」、「水《すい》」が流れていて、この巡りが悪くなると病気にかかるとされているのです。

経絡上の皮膚にはたくさんの「ツボ」があり、そこをマッサージすることによって経絡の流れを整えることができるので、病気を未然に防ぐことにつながります。

また、体を毎日なでていれば、できものや腫瘍《しゅよう》などの異常をすぐに発見することもできます。スキンシップを通して、愛犬の体の状態をチェックしてみてください。

徐々に慣らすこと

いきなりマッサージをすると驚いたり嫌がることがあるので、まずは体をさわられるのに慣れさせることからスタート。柴犬のなかにはさわられることがあまり好きではない犬もいますが、「なでられること＝気持ち良い」ということを覚えてもらえれば、動物病院で診察を受けやすくなるという利点にもつながります。

犬がどうしてもマッサージを嫌がる場合は、正しくできていないか、ツボに関連のある部位に異常がある可能性もあります。病気の一歩手前の状態とされる「未病《みびょう》」の状態だとも考えられるので、気になるときは動物病院で診てもらうと良いでしょう。

マッサージに特別な道具はいりません。必要なのは犬への愛情だけ。健康維持のためにも、日々のケアに取り入れてみてください。

「いきなり」だと
びっくりしちゃう
からヤメてね～

注意事項

- マッサージを行う前には人も犬も爪を切り、腕時計やアクセサリーは外しましょう。
- 妊娠中の犬や、持病・炎症などが見られる犬にはマッサージを行わないでください。
- 犬の空腹時と食後30分以内は、マッサージを避けてください。

マッサージの基本テクニック

まずは基本の動作をマスターしておきましょう。

もむ

親指と人さし指で挟み込むようにして、筋肉をもみほぐします。主にももやすねのような、筋肉の多い部位をほぐすときに用いる手法です。

指圧

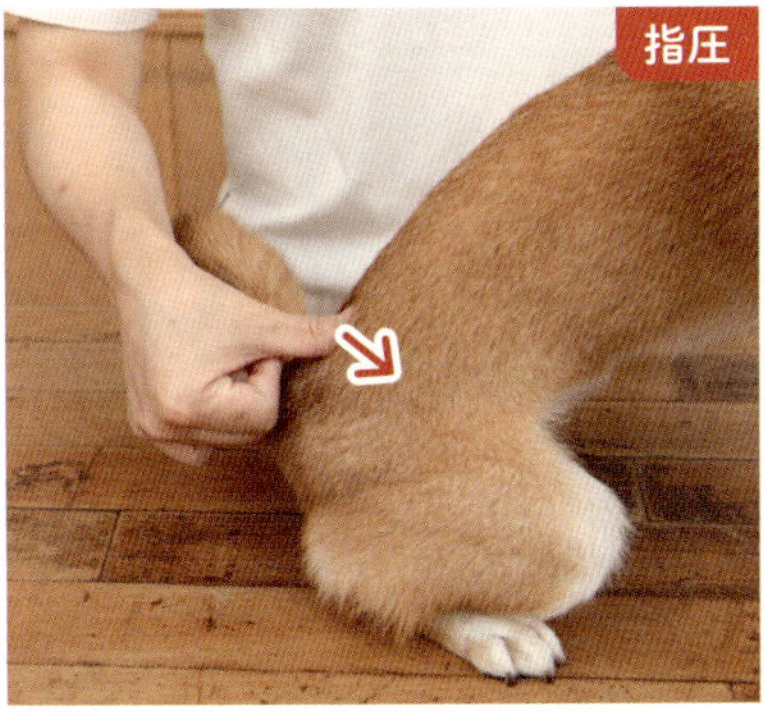

親指（または人さし指の腹）でツボを押して刺激します。3秒かけてゆっくり力を加えたら、そのまま3秒静止。また3秒かけて力を抜きます。

犬のマッサージでは、これらの動作を連続して10～20回行います。最初は2～3回からスタートし、慣れてきたら少しずつ回数を増やすようにしましょう

ピックアップ

指の腹で皮膚をつまみ、上へ引っ張ることでツボに刺激を与えます。皮膚の乾燥予防や健康維持にもおすすめ。

始める前に①
スキンシップ

まずは簡単な
スキンシップで
心身をほぐしましょう。

1 耳の付け根からしっぽに向けて、手のひらで体を包み込むようにさすります。体をさわられることに少しずつ慣らして。

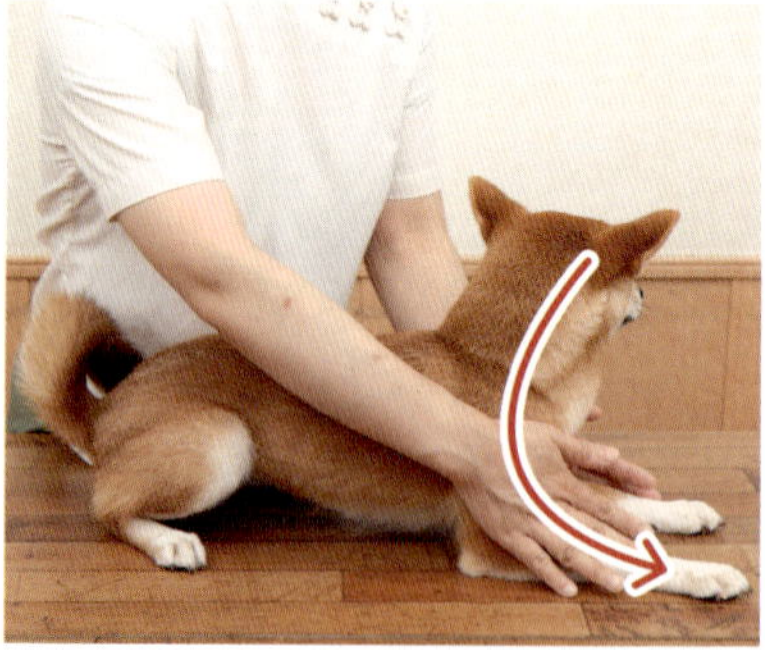

2 手根（親指付け根下の肉厚な部分）を使って、耳の付け根から少し強めにさすります。悪い気を体の外に流していくようなイメージで。

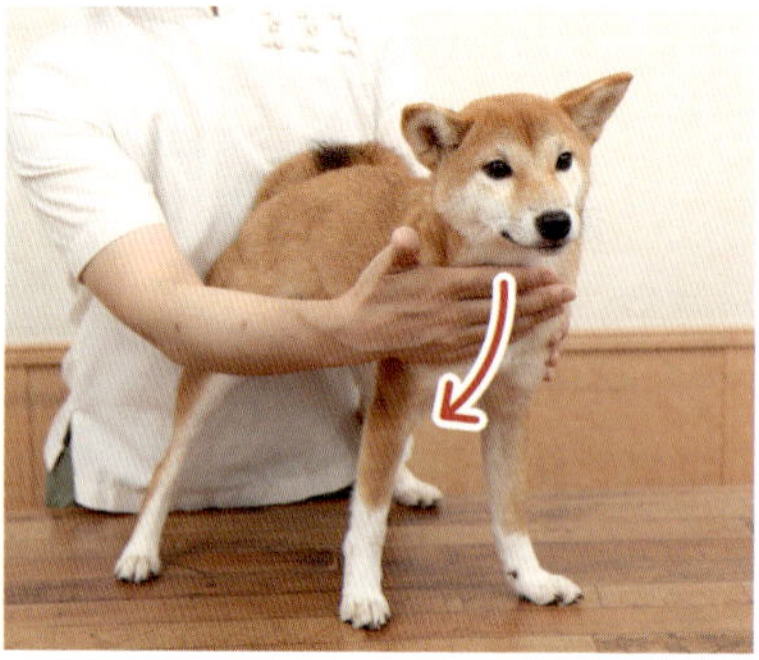

3 人さし指から小指の4本をそろえて、あごの下からおなかに向かってやさしくさすります。両前足のあいだから胸をなで下ろすようにします。

始める前に②
プレマッサージ

事前に行う
準備運動のようなもので、
マッサージの効果を高めます。

1 4本指を使って、おへその周りを「の」の字にマッサージ。お腹の調子を整える効果も期待できます。

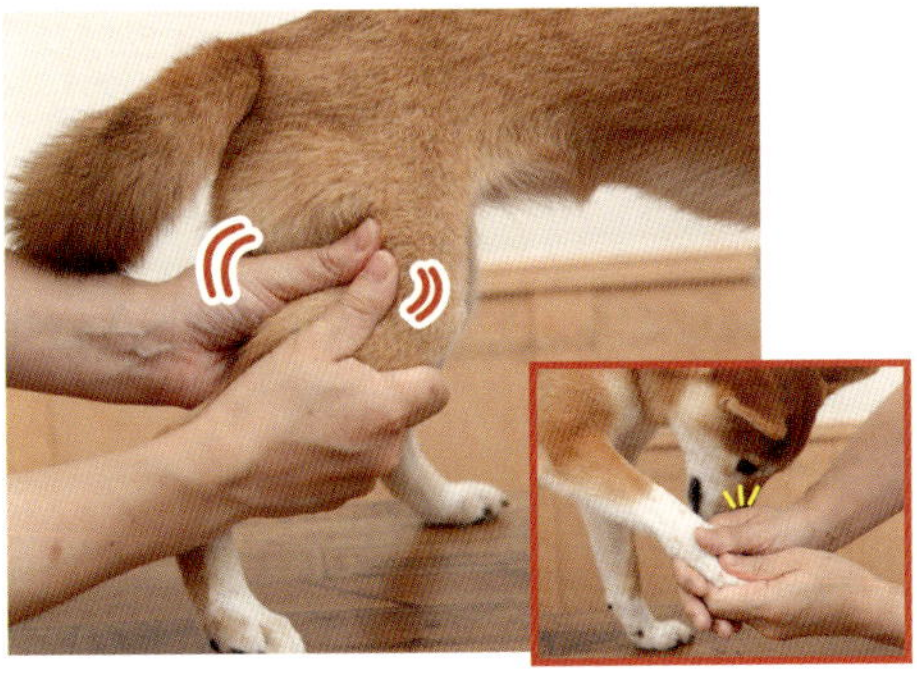

2　足の付け根からつま先に向かって、両手で軽く握るようにマッサージ。つま先は握手するようにギュッと握ります。

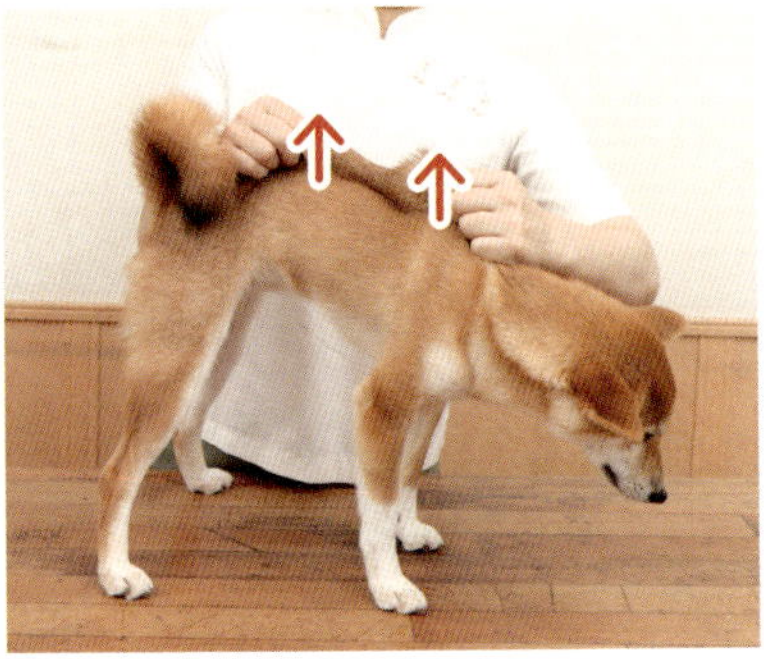

3　背中の皮膚を指の腹でしっかりつまんで、軽く持ち上げます。背骨に沿って、縦に引っ張ります。

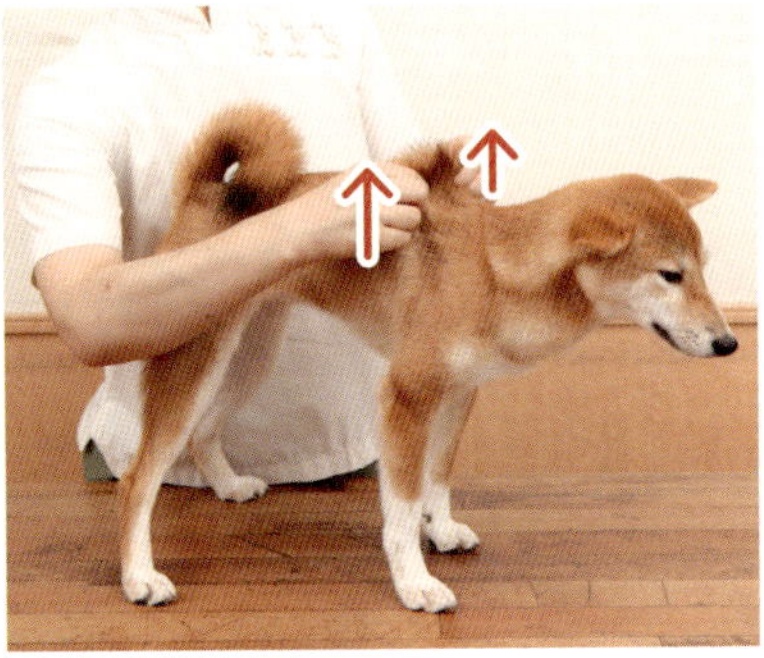

4　首の後ろから、横方向にも持ち上げましょう。

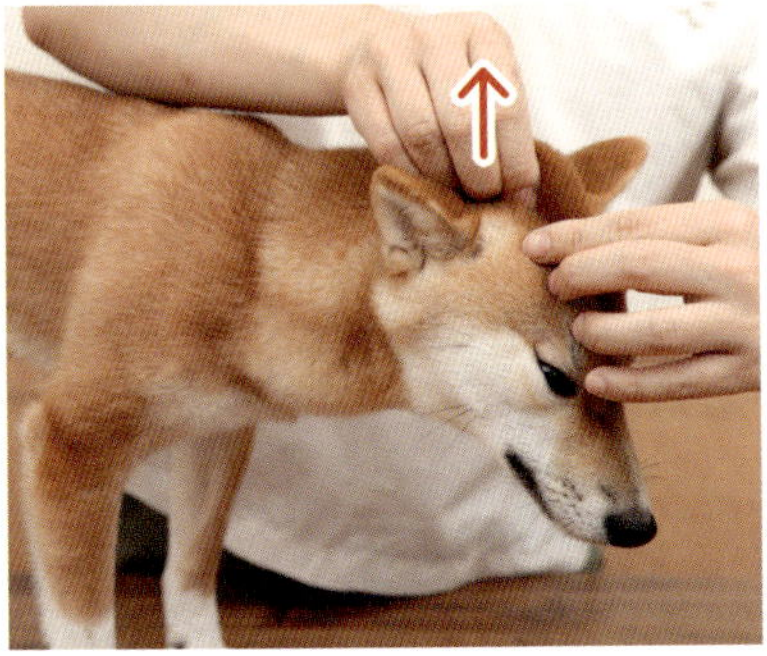

5　頭頂部の皮膚を軽く持ち上げます。背中と同様に、縦と横の両方向から行うと効果的。

6　口角をキュッと上げるように、頬とあごの下の皮膚を左右から軽く持ち上げます。

マッサージを嫌がるときは？

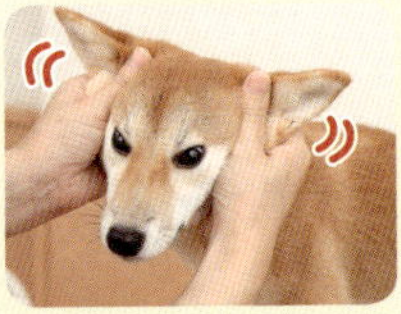

慣れないうちは、嫌がって暴れることもあります。そんなときは、耳の付け根のマッサージが有効。耳の手前を親指で、後ろは4本指を使ってもみながら落ち着かせましょう。

くしゃみ・鼻づまり解消に

首の後ろから
入ってくるといわれる風邪。
予防のためにも毎日のケアを。

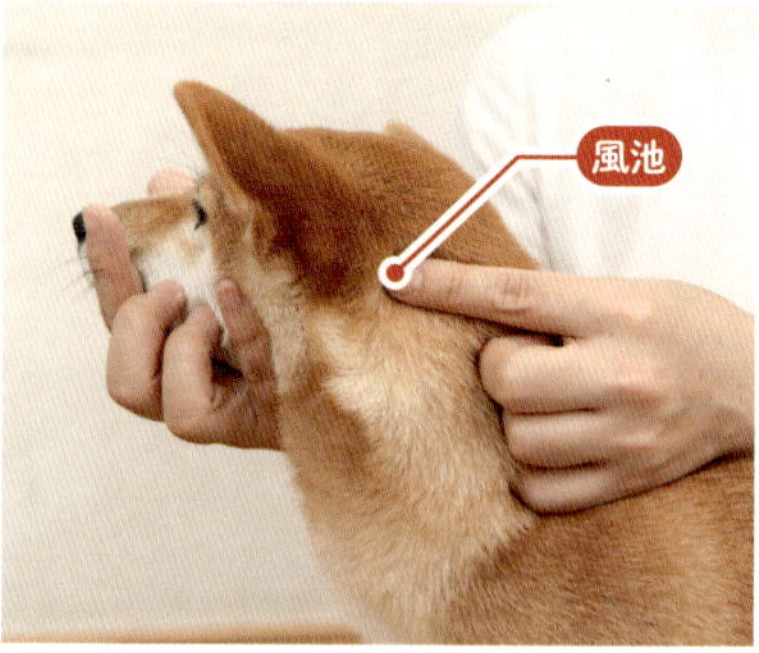
風池

1 頭の付け根にある「風池《ふうち》」というツボは、風邪の初期症状に効果的。親指と人差し指で首を挟むようにして、両側から刺激します。

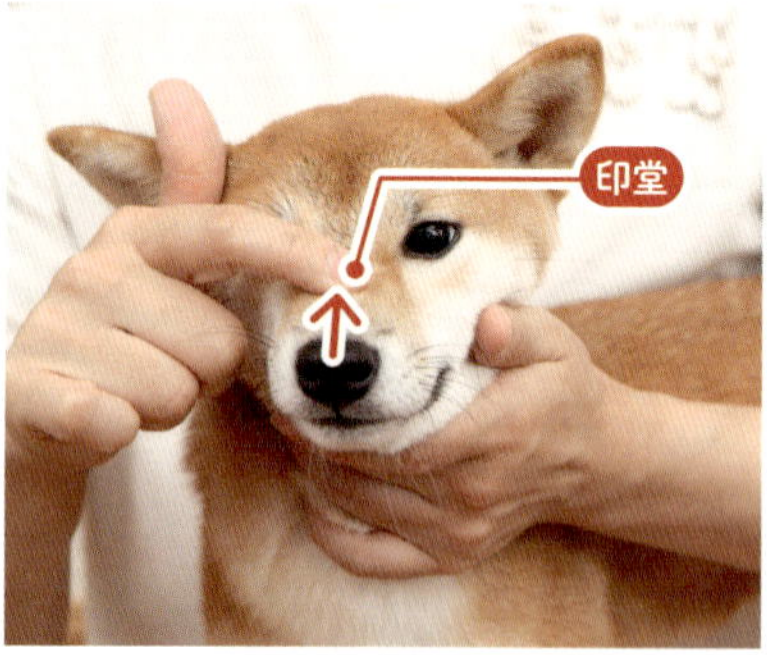
印堂

2 鼻づまりに効果的なのが、眉間の中央にある「印堂《いんどう》」。鼻から上に向かってなで、仕上げにこのツボを刺激することで鼻の通りを良くします。

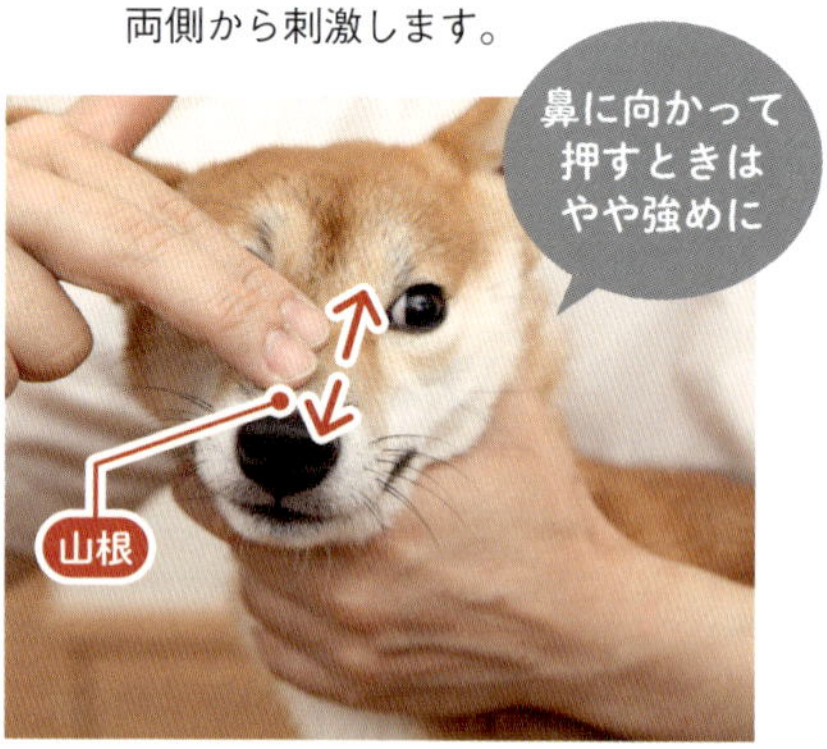
鼻に向かって
押すときは
やや強めに
山根

3 鼻と毛の境目にある「山根《さんこん》」は、鼻の諸症状に効果があるとされます。人さし指と中指を使って、前後に指圧。

元気が湧き出る！

元気がないと感じたら、
肩や肉球への刺激で
リフレッシュ。

犬は肩が
こりやすいもの

1 肩甲骨の前にあるくぼみ（肩井《けんせい》）に4本指を、肩甲骨の後ろのくぼみ（搶風《そうふう》）に親指を入れて、もむようにマッサージ。

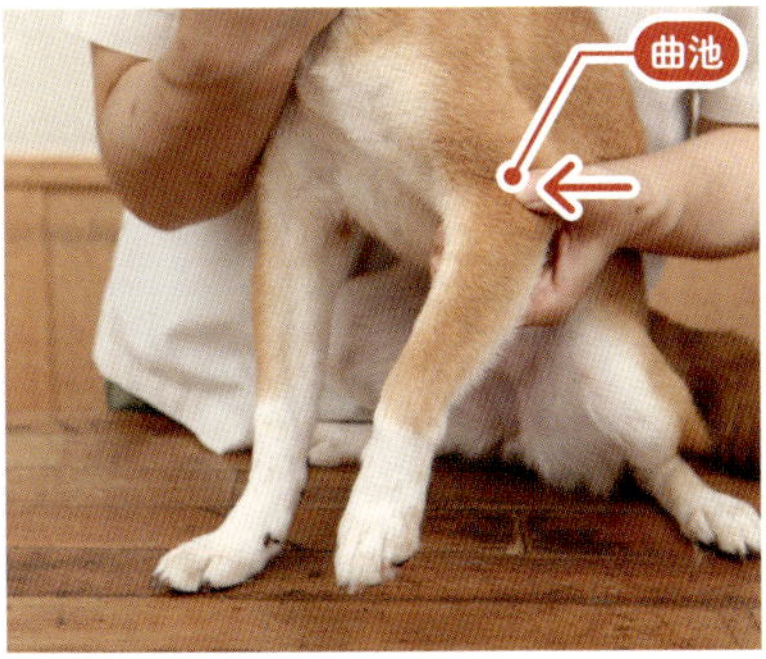

2 ひじを曲げたときにできるしわの内側にある「曲池《きょくち》」は、疲れや肩・足の痛みに有効。親指で押し込むように指圧します。

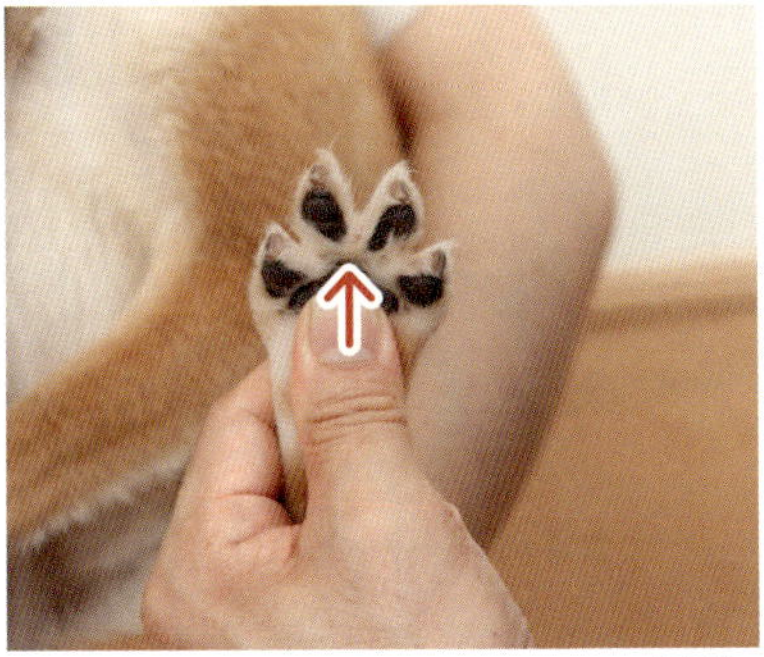

3 後ろ足の大きな肉球にある「湧泉《ゆうせん》」を、つま先に向かって押し上げます。スタミナアップにもおすすめのツボ。

腰痛解消に

**腰のツボはもちろん、
足のツボを押すことでも
症状をやわらげることができます。**

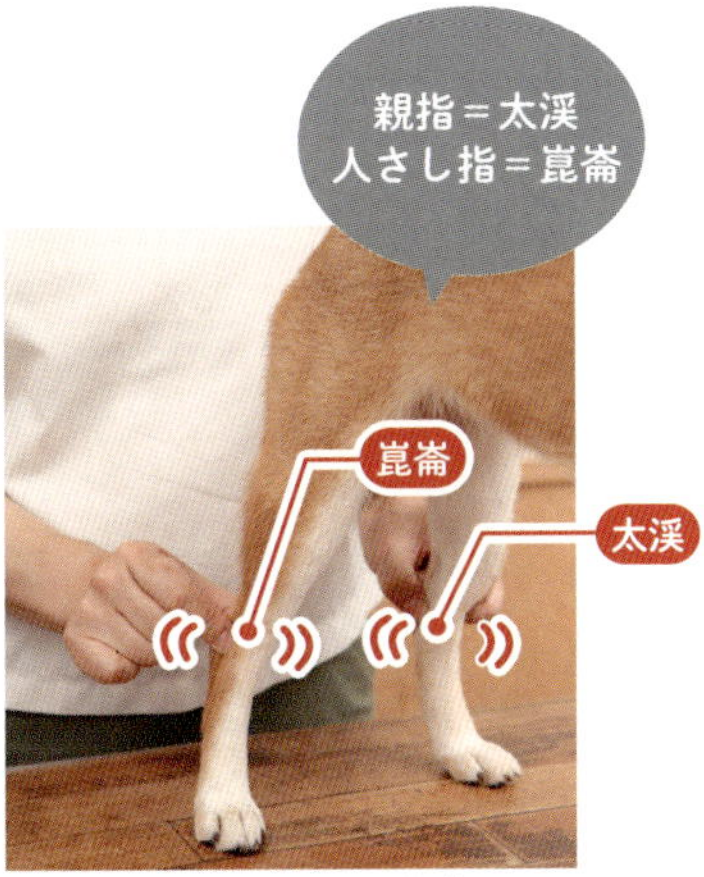

1 かかとの内側には「太渓《たいけい》」、外側に「崑崙《こんろん》」というツボがあります。人さし指と親指で両側から挟むようにつまんでもみほぐします。

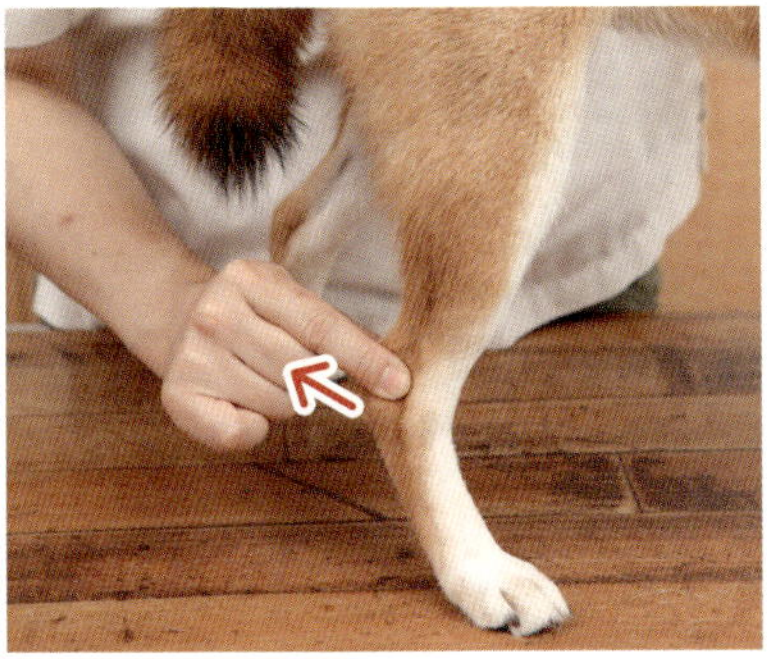

2 太渓と崑崙をつまんだまま、後ろへゆっくりと引っ張ります。強く引かないよう注意。

腰にある“万能のツボ”

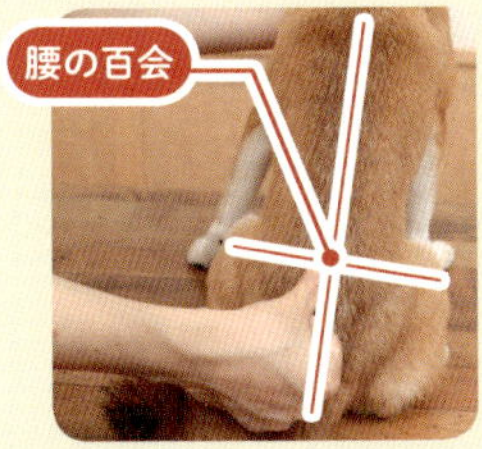

骨盤の幅がいちばん広いところと背骨が交わる点にある「腰の百会《ひゃくえ》」を親指で指圧すると、痛みの緩和やリラックスに効果的です。

皮膚トラブル対策に

マッサージで血流を促進して
皮膚炎を予防し、
症状をやわらげてあげましょう。

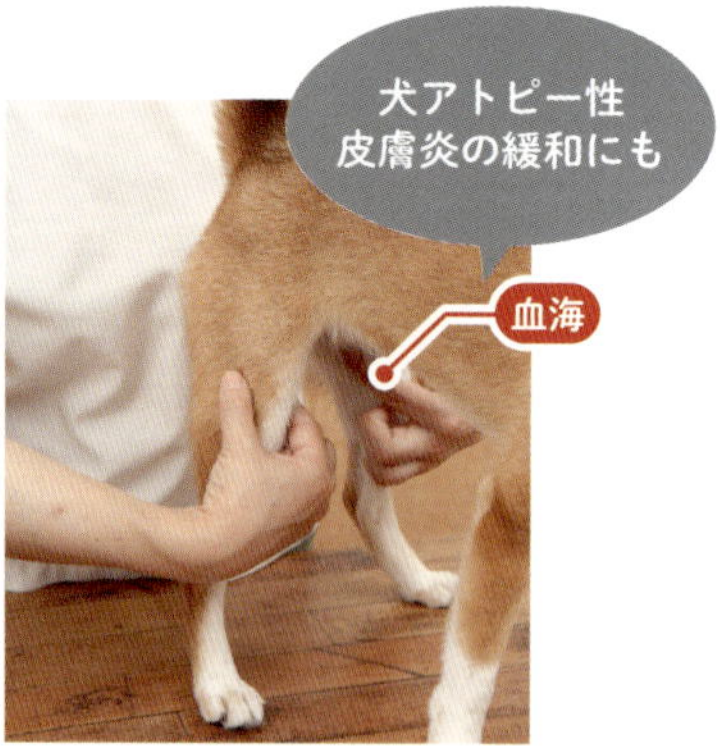
犬アトピー性
皮膚炎の緩和にも
血海

1 後ろ足のひざの少し上にある内側のくぼみ（血海《けっかい》）をやさしく指圧します。反対側も同時に行いましょう。

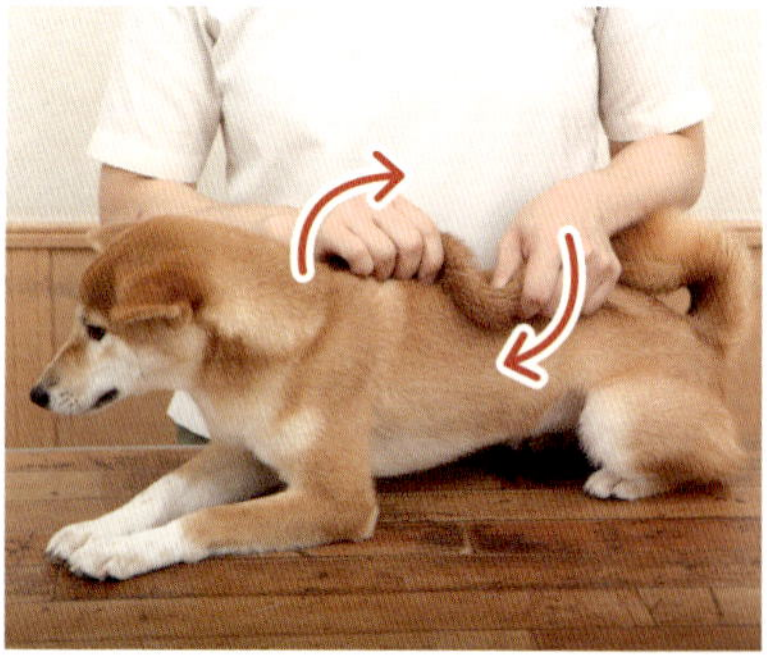

2 かゆがっているところがあれば、そこの皮膚を両手で引っ張り、交互にねじります。かゆみの緩和に役立ちます。

副交感神経の
バランスを
整えます
液門

3 前足の薬指と小指の付け根にある「液門《えきもん》」は、かゆみによるイライラを抑えるツボ。指のあいだから押し出すように指圧します。

アンチエイジングに効くツボ

東洋医学で元気が貯蔵されるとされるのが「腎」で、この働きを高めてくれるのが「腎兪《じんゆ》」というツボ。場所は、背骨の両脇、いちばん後ろの肋骨よりやや後ろの筋肉が盛り上がっているところ。老化予防をはじめ、総合的な免疫の働きアップに効果を発揮します。親指で、背骨に向けて下から指圧してください。

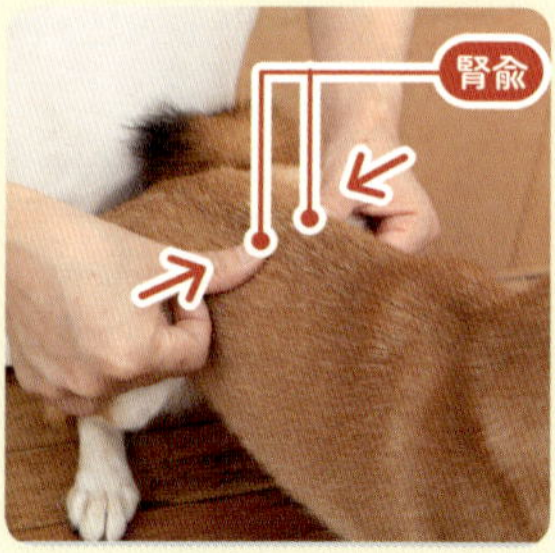
腎兪

「表情」をチェック！

体調によってマッサージの感じ方は異なるため、愛犬の様子を見ながら力加減を調節してください。最初は弱めに押してみて、嫌がらずに「まんざらでもなさそう」な顔をしていたら、少しずつ力を加えます。

泌尿器トラブル対策に

シニアに多いのが泌尿器の病気。毎日のオシッコチェックと併せて。

かかとからの距離は、犬の足幅を目安に
三陰交

1 後ろ脚のかかととひざの中間よりやや下にあるのが「三陰交《さんいんこう》」。尿トラブルや下痢、子宮下垂などにも効果が期待できます。

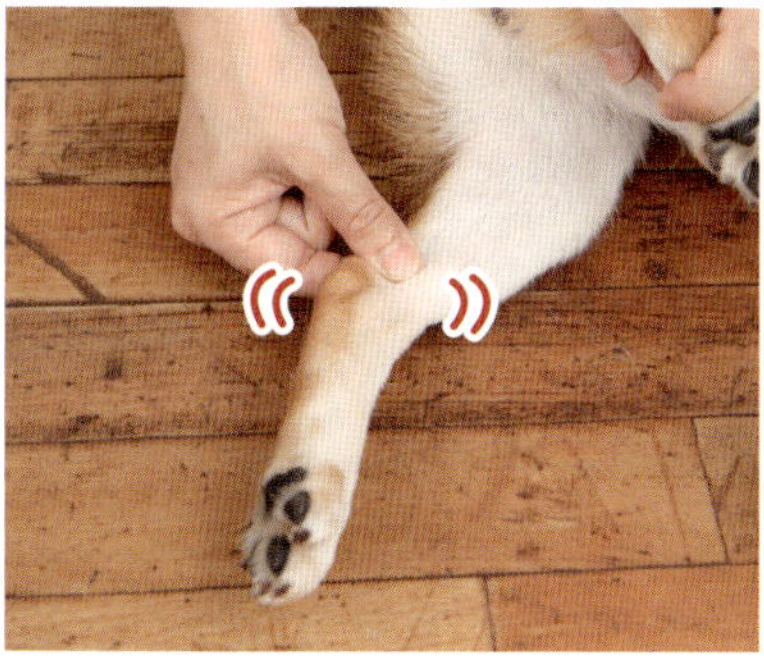

2 筋肉を親指と人さし指で挟み、三陰交をもむように指圧します。犬が立ったままでもOK。

柴犬のための足湯

体が冷えると血行が悪くなり、病気の原因となるのは犬も人も同じこと。とくにシニア犬には冷え性の犬が多いといわれます。犬の足裏が冷たくなっていたら、体が冷えている証拠。そんなとき、自宅で手軽に体を温めてあげられるのが「足湯」。たらいに40℃程度のお湯を溜め、足を4本とも浸からせます。しょうがの薄切り（2～3片）や、みかん・ゆずの皮などを入れるとより温まるのでおすすめ。

しばコラム 4

柴犬の「シャンプー嫌い」

苦手な犬が多いのは事実かもしれませんが、
ちょっとした工夫でできるようになるはずです。

「柴犬はシャンプーやブラッシングが苦手」というイメージがありますが、じつは犬種としてそうした特性があるわけではないのだとか。でも、シャンプーのあいだじゅう「イヤだってば！」と抵抗して飼い主さんをびしょ濡れにしたり、ブラシを手に取ると急に離れていったりする柴犬が多いことも事実です。

「そうなる理由は、柴が賢いから。頭が良いぶん、一度でもイヤな思いをすると、それがトラウマになってしまう」という説があります。つまり、愛犬のお手入れ嫌いにはちゃんと理由があるのです。初めてのお風呂で湯船にドボーン、力を込めてゴ～シゴ～シとブラッシング……。身に覚えのある飼い主さんは、ちょっぴり反省が必要かもしれません。

柴犬をお手入れ嫌いにさせない、またはお手入れ嫌いを改善するためにはいくつかのコツがありますが、実践する前にきっちり頭に入れておきたいのが、「柴とは闘わない！」ということ。

なぜかと言えば、答えは簡単。真剣勝負をしたら、柴犬が勝つからです。賢くて忠実な柴犬は、よほどのことがない限り飼い主さんに「マジギレ」はしません。でも本気を出せば、人より力があり、噛む力だって相当なもの。柴犬は、力ずくで従わせることができる犬ではないのです。ここはちょっとオトナになって、“長いもの”、いや“かわいいもの”には巻かれてしまうのが、賢い飼い主さんというもの。正しいテクを身に着けて、お手入れの気持ち良さを教えてあげましょう。

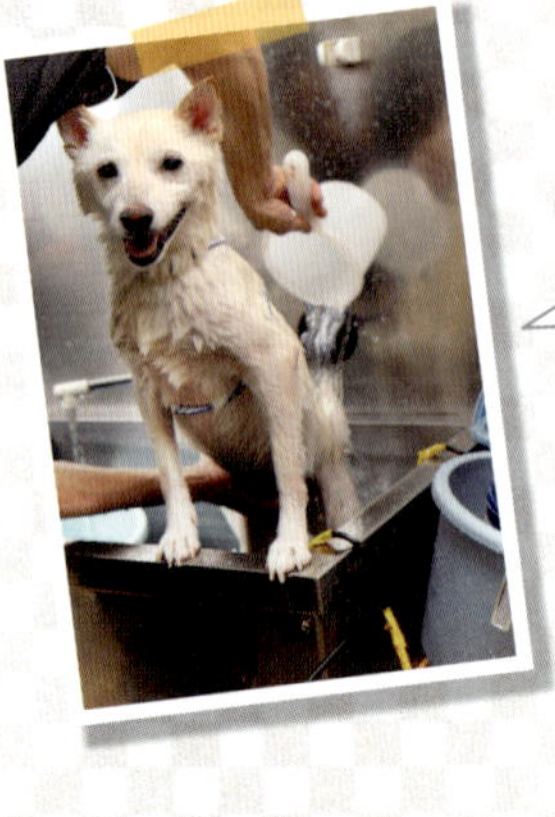

「お手入れ＝気持ちイイ」
ってわかれば、そんなに
嫌じゃなくなるよ

Part6
シニア期のケア

最近は10歳以上、さらには15歳以上の柴犬も
珍しくありません。
寿命の伸びとともに、シニア犬のケアや介護が
必要になってきています

シニア期にさしかかったら

柴犬が年齢を重ねると、
少しずつ体に変化が現れます。

シニア期の変化

「老化」と「病気」の違いを
知ることが大事です。

7歳ごろから注意を

柴犬は基本的に丈夫な犬種。若いうちはそれほど手をかけなくても健康を保つことができますが、シニアになるとどうしても体力や免疫力が低下するため、病気やケガが治りにくくなってしまいます。日ごろのケアを怠っていると、シニア期になってから老化が進行しやすいもの。愛犬の変化を見逃すことなく、年齢に合ったケアをしてあげることが長生きの秘けつです。

柴犬に老化の兆候が表れるのは、7歳ごろから。毛づやが悪くなり、目や口の周りの被毛が白く変化します。柴犬はトリミングが必須の犬種ではありませんが、皮膚疾患を防ぐためにもブラッシングなどのお手入れは欠かせません。毎日のケアを通して、毛づやや皮膚の変化を見逃さないようにしましょう。

外見のほかにも、シニア期を迎えた犬は寝て過ごすことが多くなるなど、行動にも変化が出てきます。しかし、これが老化現象ではなく、病気にかかってしまって元気がないこともあるので要注意です。犬の歩くスピードが落ちたので筋肉が衰えたと思っていたら、じつは内臓疾患を抱えていて苦しんでいたというケースもあります。愛犬の様子がいつもと違うと感じたときには、年のせいと決めつけずに早めに獣医師に相談してください。

栄養とトイレ

シニア期の柴犬に多く見られる疾患としては、認知症が挙げられます。日本古来の犬種である柴犬は、昔から魚を中心とした食生活

「口の中」は要注意

唾液の量や免疫力が低下したシニア犬は、歯垢が溜まりやすく口の中が病気になりやすい状態です。食欲低下や食の好みが変化したときは、歯垢の中の菌により「歯周病」を起こしていることも。歯周病は心臓などの臓器にも悪影響を及ぼします。歯みがきをしながら口の中をチェックし、必要に応じて動物病院に相談して清潔を保ちましょう。

【チェックポイント】

- □ **ニオイ**…歯周病が悪化すると、口臭が強くなります。
- □ **奥　歯**…唇をめくって、歯垢が溜まっていないかチェック。
- □ **歯ぐき**…歯肉炎になると歯ぐきが熟れたトマトのように赤くなり、ぶよぶよと盛り上がってきます。

を送ってきました。それがドッグフードの普及によって肉食メインに変化したことにより、認知症の発症が増えたともいわれています。認知症を防ぐためには、イワシなどの青魚に多く含まれるオメガ－3脂肪酸（DHA・EPA・ARA）の摂取が有効です。ふだんからこれらを配合しているフードやサプリメントを与えるのもおすすめです。

　また、愛犬がシニア期にさしかかったら、トイレのチェックもお忘れなく。尿や便の状態やニオイの変化はもちろんのこと、1日の回数が変わったときには注意が必要です。

　たとえば排便回数が減ったときには、便秘だけではなく足腰が弱っている可能性があります。とくに関節疾患の場合は、いきむときに痛むため、トイレを我慢してしまいがちになるのです。症状だけではなく、原因を突き止めることで問題解決へと導きましょう。

　柴犬には繊細な性格の犬が多いので、ほかの犬種と比べると動物病院に連れて来づらいのか、獣医師が診察する機会が少ない犬種です。老化のサインや病気の兆候を見逃さないよう、愛犬がシニア期を迎えたら、定期的に健康診断を受けましょう。

気を付けたい病気

シニアになると、かかりやすい病気も増えてきます。

甲状腺機能低下症

甲状腺ホルモンの分泌量が少なくなり、気力が失われて活動量が低下します。また、左右対称性の皮膚疾患やしっぽの毛が抜けてしまう「ラットテール」もよく見られる症状です。

皮膚疾患の原因にもなりやすいので、異変に気付いたらすぐに血液検査を受けましょう。脱毛のような目に見える症状が表れない場合は、老化と勘違いして見逃してしまいがちなので注意が必要です。

白内障

目の水晶体が白っぽく濁る病気で、進行すると失明に至ります。初期ではあまり支障なく歩くことができるからか、発見が遅れがちになります。先天性と後天性がありますが、後天性の原因としては糖尿病や外傷、そして加齢が挙げられます。

初期には点眼薬やサプリメントがある程度有効といわれています。進行した場合は手術も可能なので、眼科に詳しい獣医師に相談しましょう。シニアになったらとくに、日ごろから目をチェックするように心がけてください。

股関節脱臼

股関節の骨盤と大腿骨をつないでいる靭帯が切れて、大腿骨が正常な状態からずれてしまうこと。骨の構造が遺伝的に異常である場合や、交通事故・高いところから落下によって骨や関節に強い衝撃を受けることによって脱臼することがあります。

歩き方がおかしかったり、痛みを感じているようであれば脱臼の疑いがあります。一度脱臼するとクセになりがちなので、運動の制限などが必要になることもあります。肥満だと関節に負担をかけるので、避けるようにしましょう。

長生きのための9か条

年を取っても快適に
過ごせるよう、若いうちから
気を付けておきましょう。

1 「オスワリ」「マテ」などの基本的なコマンドをマスター

「飼い主さん＝リーダー」であることを愛犬にしっかり理解させることが大切。これができていないと、いざというとき飼い主さんに対して攻撃的になることも。

2 体をさわっても嫌がらないように

さわることが健康管理につながるほか、介護もしやすくなります。

3 家のお風呂に慣らす

高齢になると、自宅でシャンプーする機会が多くなります。

4 肥満にさせない

太りすぎると、内臓や足腰に負担がかかります。介護するときに抱っこでの移動も大変になります。

5 人の食べものを与えない

人の食べものは、犬にとっては味が濃すぎるので、糖尿病や腎臓病などの原因になります。

6 十分な運動

散歩はストレス解消につながります。気持ちの穏やかな犬になってくれるでしょう。

7 歯みがき

歯周病などのトラブルは歯みがきによって防げます。できれば子犬のころからの習慣づけを。

8 信頼できる獣医さんを見つける

近所（できれば徒歩で行ける範囲）で、気軽に相談できる動物病院を見つけておきましょう。

9 不妊・去勢手術を済ませておく

高齢になるとオス・メスともに生殖器の病気にかかりやすくなります。繁殖を行わない場合、8か月齢ごろに不妊・去勢手術を。

認知症と向き合う

**犬が長生きすると、認知症は避けられない病気のひとつ。
とくに柴犬は認知症にかかりやすいといわれるので、
前もって準備をしておきましょう。**

認知症の基礎知識

まずは認知症がどんな病気なのか、知っておきましょう。

認知症とは

認知症は、正式には「認知障害症候群」と言います。脳の神経細胞が衰弱することで、行動や感情に問題が起こる病気です。高齢になると必ず発症するとは限りませんが、主に13歳を過ぎたころから多く発症し、徐々に進行していきます。シニア犬では、ほかの病気にかかったことがきっかけとなって発症することもあるようです。

最近は犬の健康に対する意識が高まり、愛犬を動物病院へこまめに連れて来る飼い主さんが増えたことによって、犬の平均寿命も伸びました。これまでは認知症になる以前に亡くなっていた犬が、人間と同様に長寿になることで認知症を発症するケースが増えてきているのです。

また近年は、多くのドッグフードが肉を主原料としているため、魚に多く含まれている脳の健康のために不可欠な不飽和脂肪酸（ＤＨＡ、ＥＰＡ、ＡＲＡ）の摂取量が低下しているようです。このことも、認知症にかかるシニア犬が増加した一因だといわれています。ほかの犬種に比べて認知症にかかる割合が較的高い柴犬ですが、こうした食生活の変化も理由のひとつだという説があります。

認知症は予防できるか

認知症の予防としては、ふだんからＤＨＡ、ＥＰＡ、ＡＲＡなどの不飽和脂肪酸を含むサプリメントを与えるなどの方法があります。ＤＨＡは、イワシやサバ、マグロなどの青魚に多く含まれていますので、こちらもふだんから食べさせてみると良いでしょう。

また脳を活性化させるには、メリハリのある規則正しい生活を送ることが大切です。食事や散歩などの時間を決めておいて、なるべくそのサイクルを崩さないように気を付けましょう。毎日の散歩で外からの刺激を受け取ったり、脳を使う（思考を促す）ような知育オモチャを与えたり、十分な日光浴をすることも、脳を働かせるためにひと役買ってくれます。

犬の認知症テスト

- □ 夜中に意味もなく、単調な声で吠え出し、止めてもやめない。
- □ 昼間は眠っていて、夜になると起き出して行動する。昼夜逆転が起きている。
- □ とぼとぼと円を描くように歩き回っている（旋回運動）。
- □ 狭いところに入りたがり、そのまま自分で戻ることができずに鳴いて助けを求める。
- □ 自分の名前がわからなくなり、何事にも無反応になる。
- □ よく寝て、よく食べて、下痢もしていないのにやせてくる。

※13歳以上で、上記6項目中２項目以上当てはまったら、認知症が疑われます。
（動物エムイーリサーチより）

認知症の治療法

認知症には特効薬がなく、DHAやEPAを含んだサプリメントを投与するなどして症状の進行を緩めることが治療の中心となります。

鳴き声や発作に近い遊泳運動（寝たまま前足を交互に前後させる、泳いでいるように見える行動）があまりにもひどいときは、鎮静剤などの薬を処方することもあります。

動物病院へ行くときは

認知症の症状は、脳や脳炎、てんかんなどによって起こる症状とも似ています。これら類似の疾患と認知症を正確に判別するためにも、症状の様子を動画で撮っておくと、獣医師に相談する際に役立ちます。

認知症の症状

認知症の症状には、上の認知症テストで紹介した以外にも以下のようなものがあります。

- ●壁などに頭をぶつけたり、狭く暗いところに入りたがって、そのまま出られない（後退できない）。
- ●決まった場所でのトイレができなくなる、失禁する。
- ●飼い主さんの指示に従わなくなる。知っているはずの指示を無視するようになる。
- ●飼い主さんが名前を呼んでも反応しない。
- ●親しい人を見分けられなくなる。

さらには筋力が衰えることによって歩行が困難になったり、寝たきりになってしまう場合もあります。

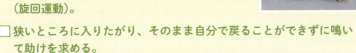

認知症への対処

代表的な症状と対処方法を
まとめました。

同じ場所を歩き回る

症状

目的もなくとぼとぼと、何時間も同じ場所で円を描くように歩き回ります（旋回運動）。そして部屋の角にぶつかって傷ができたり、家具のすき間に入ってしまい動けなくなり、助けを求めて大声で鳴くこともあります。

対処法

気が済むまで安全に歩けるように、角がない大きな円形のサークルを作り、サークルに沿って歩けるようにしてあげましょう。そうすれば、そのうち疲れて寝てくれるようになるはずです。

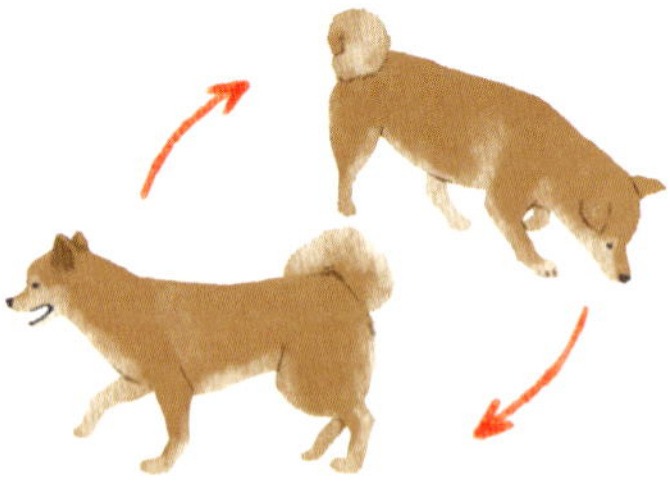

トイレができなくなる

症状

今までできていたトイレのしつけができなくなったり、寝ているあいだに犬自身も気付かないうちにお漏らしをしてしまうことがあります。飼い主さんとしては我慢が必要なことかもしれませんが、決してしからないようにしてください。

対処法

こういった場合は、紙オムツやマナーベルトを使うことをおすすめします。尿を吸ったものは、こまめに取り換えるようにしてください。とくに夏場は紙オムツで蒸れて皮膚炎を起こすことがあるので、清潔に保つよう心がけましょう。

夜鳴き

症状

飼い主としてとくに困るのが「夜鳴き」です。この症状についての相談が、認知症で動物病院を訪れる理由になっていることが非常に多いようです。夜鳴きをするようになってしまうと飼い主さんの睡眠が妨げられるばかりでなく、ご近所への迷惑になることも少なくありません。

対処法

夜鳴きをする犬は、日中のほとんどの時間を昼寝して過ごします。昼間、お散歩やコミュニケーションを多く取るようにして昼寝を少なくすることで、夜鳴きを減らすことができるケースがあります。また、夜寝る前にお散歩に行ったり排尿をさせることで、夜ゆっくり寝てくれるようになることもあります。

どうしても夜鳴きをしてしまう場合は、鎮静剤や精神安定剤のような薬を使用するのもひとつの方法です。

飼い主さんの心がまえ

認知症の犬の介護は、精神的にも肉体的にもかなり疲れやすく、飼い主さんにとって大きな負担がかかります。今までできていたことができなくなったり、反対にしなかったことをするようになったりするので、精神的なストレスになると思います。でも、犬がわざとしていることではなく、病気の症状だということを忘れないでください。

愛犬が高齢になってきたら早めに予防の対策を実施し、ふだんの様子の変化に注意して認知症と思われる行動に早い段階で気付き、治療を早期から始めることが大事です。さまざまな予防や治療法があるので、家族だけで不安や負担を抱え込まず、まずは動物病院へ相談に行くことをおすすめします。

10年以上にわたり家族として一緒に生活してきた愛犬も、年を取りシニア犬になると、認知症の発症が避けられないこともあります。介護が必要になったときは、最後まで家族の一員として助けてあげてほしいと思います。

若さを保つエクササイズ

シニアになっても若々しく元気でいてもらうためには、筋肉をキープすることが効果的です。

「動けるシニア」になるために

筋力を維持すれば、快適なシニアライフを送れます。

アンチエイジングの基本

柴犬の場合は、7~8歳から「シニア柴犬」、10歳以降は「後期高齢柴犬」と考えていいでしょう。飼い主さんなら誰でも「永遠に若く元気なままでいてほしい」と願うものですが、残念ながら時間を止めることはできません。でも、毎日の小さな努力や工夫で、加齢（エイジング）に伴う衰えに対抗することは可能です。

アンチエイジングのために有効な対策のひとつが、筋力をキープすること。筋力の低下は「寝たきり」の原因になるからです。

筋力低下→寝たきり

筋肉には、体の表面近くにある「アウターマッスル」と、体の深い部分にある「インナーマッスル」の2種類があります。主に体を動かす際に使われるアウターマッスルが衰えると、立つ、歩くといった日常的な動作がしにくくなります。さらにインナーマッスルが弱ってくると、体のバランスを取りにくくなって体にゆがみが生じ、関節や背骨の変形、炎症などを引き起こしやすくなります。

関節や骨の異常には痛みが伴うため、犬は体を動かしたがらなく

筋肉の老化・チェックポイント

- □ 太ももの筋肉が薄く(小さく)なった
- □ 顔の毛が白っぽくなった
- □ 換毛がダラダラと長く続く
- □ 食欲が落ちた
- □ 車や段差のあるところに飛び上がらなくなった
- □ 階段の上り下りをしなくなった
- □ 体を動かす遊びを喜ばなくなった
- □ 散歩のとき、歩くペースが遅くなった

なってしまいます。その結果、ますます筋力が落ちていき、動けないことで気力も衰え、寝たきりになってしまう、という悪循環に陥りやすいのです。

インナーマッスルを鍛える

老化によって起こる負のループから愛犬を救い出すためには、「動けるシニア」になるための体づくりが重要です。そのために心がけたいのが、筋肉、とくにインナーマッスルを弱らせないこと。体の軸となる筋肉がしっかりキープされていれば、姿勢を保つ、立つ、歩くといった動作が妨げられることはないからです。また、体のバランスが保たれるため、ケガの予防にもつながります。

インナーマッスルを鍛えるエクササイズは、「体のバランスを取ろうとする動き」が基本。これから紹介するもの以外でも、体のバランスを立て直す動きが含まれていることは、すべてインナーマッスルのキープに役立ちます。

ただし、相手は柴犬。独立心旺盛でちょっぴり頑固、そしてマイペースな犬種です。「エクササイズなんて無理無理！」という飼い主さんも少なくないことでしょう。

でもこれからご紹介するのは、柴犬が無理なくできるものばかり。3タイプのなかから、愛犬の性格や体力、生活スタイルに合ったエクササイズを選び、楽しみながらチャレンジしてみてください。

柴犬のための エクササイズのコツ

①無理強いしない

犬が嫌がることを強制すると、かえって頑固に拒否されます。

---

②「痛い、怖い、イヤ」を排除

不快な思いをさせると、エクササイズそのものが嫌いになってしまいます。

---

③短時間で終わらせる

長く続けると、飽きたり疲れたり……。犬が嫌になる前に切り上げます。

---

④プラスのイメージを与える

ごほうびを上手に使い、「またやってもいいかな～？」と思わせましょう。

エクササイズタイプⒶ

いつもの動きでエクササイズ。

1 オスワリ&オイデ

愛犬を座った姿勢で待たせ、少し離れたところから呼びます。

「立ち上がる」、「歩く」といった動きがエクササイズに

2 座布団をどうぞ①

クッションや座布団の上で「オスワリ」をさせます。

やわらかく不安定なところで姿勢を保つため、インナーマッスルが使われます。

3 座布団をどうぞ②

クッションや座布団の上に足を1〜2本（前足でも後ろ足でもOK）乗せた状態で、立ったまま「マテ」をさせます。

「座布団をどうぞ①」と同様に

4 人生山あり、谷あり

散歩コースに坂道を
取り入れてみましょう。

道の傾斜によって体の重心の位置が変わるため、バランスを取りながら歩く必要があります

5 平均台もどき

散歩のとき、縁石の上など幅の狭いところを歩かせます。

落ちないように歩くことで、インナーマッスルが刺激されます

※安全に注意し、周囲に迷惑をかけない状況で行いましょう。

※人間用のエクササイズグッズ（ビニール製で空気を入れるタイプ）がおすすめ。

6 グラグラするのは気のせい？

バランスディスクに足を乗せさせます。クッションや座布団よりさらに不安定なので、筋肉を鍛える効果が高くなります。

足元がやわらかく不安定なため、体のバランスを取る必要があります

エクササイズタイプⒷ

遊んでいるつもりが、
いつの間にかエクササイズ。

7 取ってきていただけますか？

ボールやオモチャを投げ、愛犬に取ってこさせます。

対象物は飛ぶ距離や方向に合わせて不規則な動きをすることが、インナーマッスルを刺激

8 ごほうびを追え！

「マテ」をさせた状態で、おやつやオモチャなどを前後左右に動かします。

対象物の動きを追って首や体を伸ばしたりひねったりするため、インナーマッスルを使います

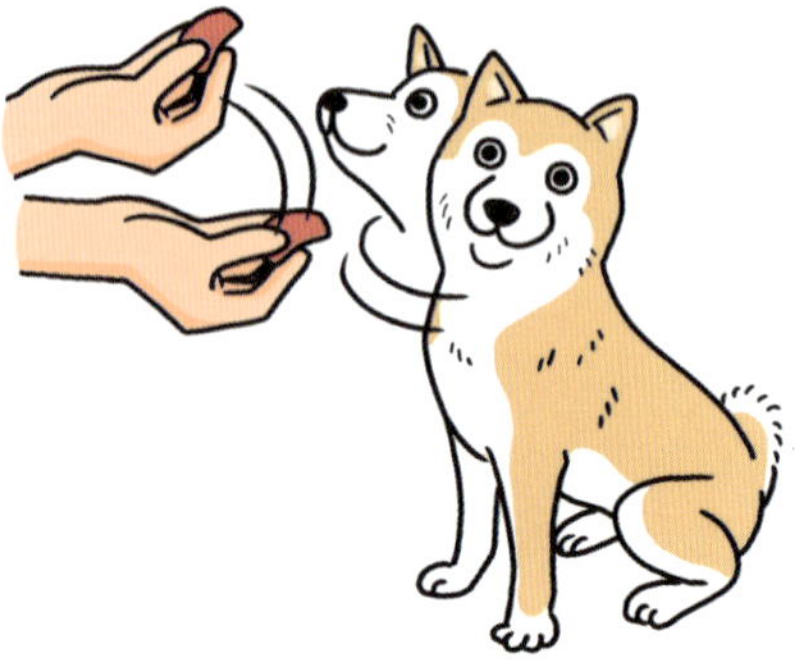

9 引っ張らずにいられない！

タオルやオモチャなどを、飼い主さんと引っ張り合います。

前後の動きを中心に、体重移動をしたり体全体を動かすことにつながります

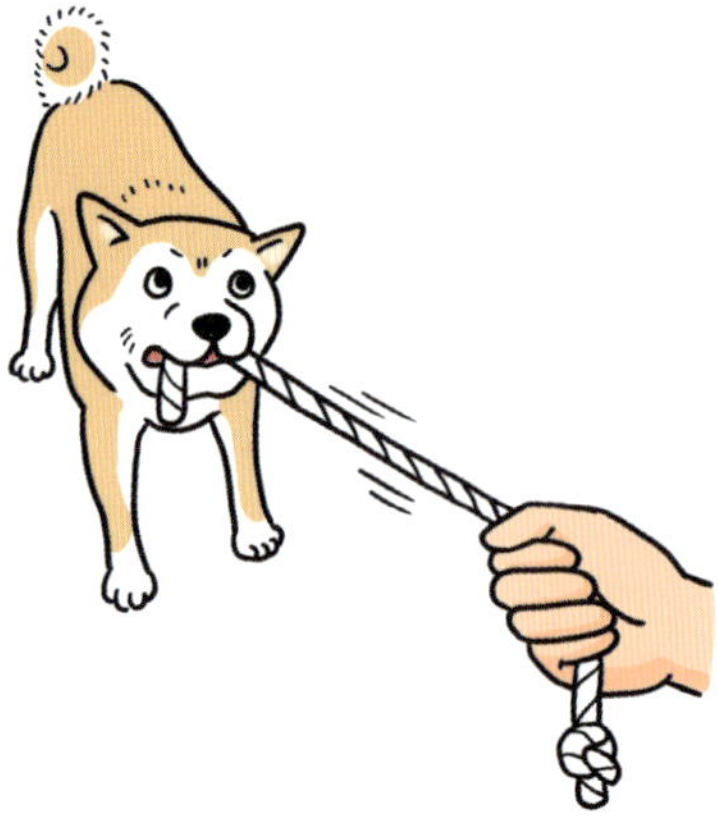

※信頼関係を崩さないよう、最後は飼い主さんがオモチャを取り、やめるタイミングを決めましょう。

エクササイズタイプⓒ

飼い主さんもがんばる
エクササイズです。

10 お手をどうぞ

愛犬が立っているとき、足（前足でも後ろ足でもOK）を1本持ち上げます。

体重を支える足が4本から3本に変わると、バランスを取りながら体重移動を行う必要があります

※足を横方向に持ち上げるのは×！ 前足なら「オテ」をするように前へ、後ろ足なら自然な角度で膝を曲げながら後ろへ持ち上げます。

11 Shall we ダンス？

愛犬が立っているときに、前足を持ち上げます。簡単にできるようなら、前後にゆっくり歩いてもよいでしょう。

後ろ足だけで体重を支えるので、バランスを取りながら体重移動を行う必要があります

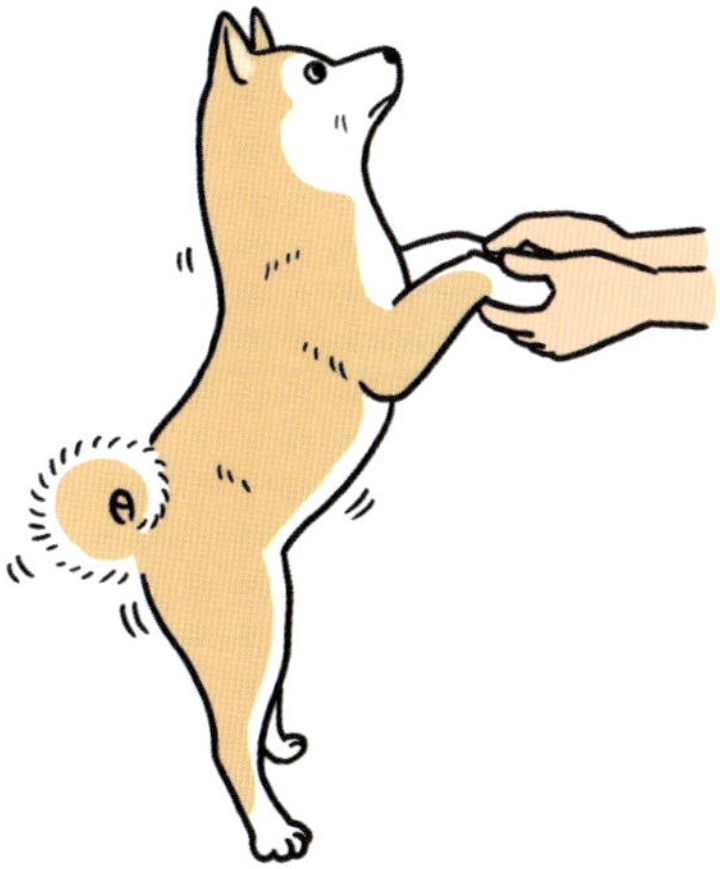

12 動かない手押し車!?

愛犬が立っているとき、お腹の下に手を入れて両方の後ろ足を少し持ち上げます。うまくできたら、腰を左右に軽く揺らしてみます。

前足だけで体重を支えるので、バランスを取りながら体重移動を行う必要があります

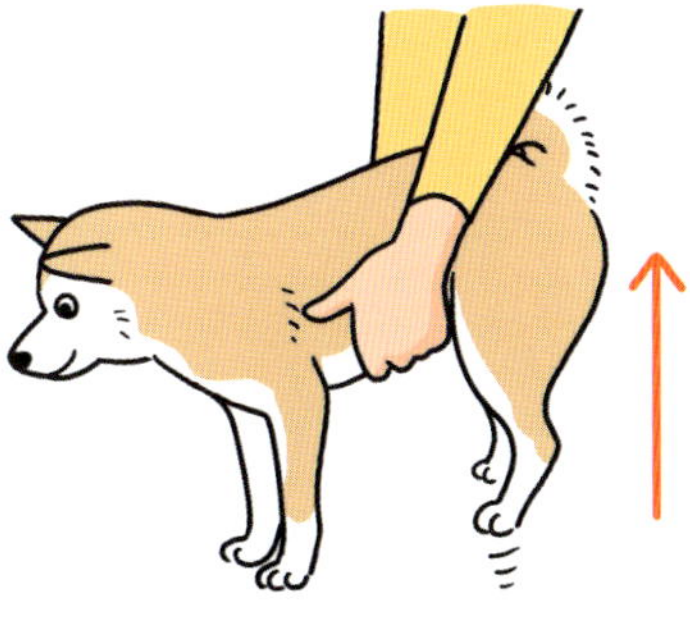

介護生活のハウツー

介護が必要になったら、なるべく健やかに過ごせるように
工夫してあげましょう。

介護の心がまえ

飼い主さんが前もって
準備をしておくのが理想です。

サインを見逃さない

今まで見てきたように、犬が年を取るにつれていろいろな問題が生じ始め、これまで通りの日常生活を送ることが困難になります。その結果として、いわゆる「介護」が必要になってくるのです。人間と同じように、犬もこれから介護の必要性がどんどん高まっていくことでしょう。なかでも柴犬は認知症の発症率が比較的高く、将来的に介護が必要になる可能性が高い犬種です。飼い主さんは介護について、早いうちから考えておきましょう。

歩行困難、トイレの失敗、無駄吠えの増加などが見られたら、介護スタートのサインとなります。愛犬の介護を経験した飼い主さんへのアンケートでも、「トイレの世話と歩行補助がいちばん大変」との結果が出ています。

介護の負担を分散

介護はいったん必要になると毎日続けなければならず、飼い主さんは生活ペースが乱されるので大変です。しかしいちばん困っていたり、ストレスを感じているのは犬自身。家族の一員になった日から、愛犬にはたくさんの愛情や思い出をもらっ

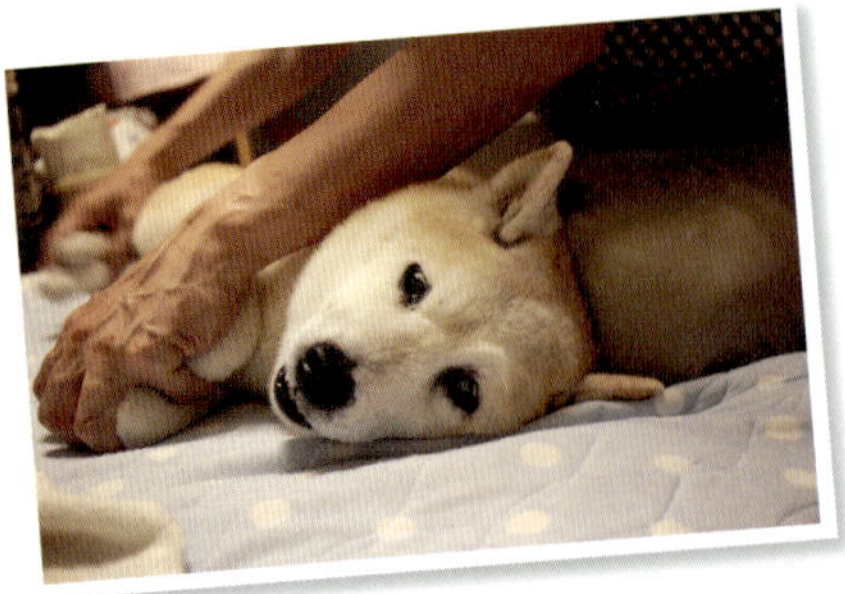

若いころはベタベタするのを嫌がっても、
シニアになると飼い主さんに甘えるように
なる柴犬も多いようです。

要介護になりやすい病気

1 歩行困難

年を取ると足腰が弱ってきます。筋肉が落ちて疲れやすくなったり、背骨が変形して腰が曲がりヨタヨタ歩くようになることも（変形性脊椎症）。犬を抱っこして移動したり、介助用グッズで歩行をサポートすることで対応しましょう。

2 認知症

脳機能が衰えていき、昼夜逆転現象、徘徊、夜鳴きなどが見られます。症状の進行に応じて食事・運動・トイレなどすべてのケアが必要になります。やがて寝たきり状態になるので、進行を遅らせる薬やサプリメントを早いうちから飲ませることもおすすめです。

3 寝たきり・床ずれ

寝たきり生活が続くと、ベッドなどに接している体の部位に床ずれができます。悪化すると皮膚が破れて筋肉が露出したり、出血・化膿することも。体圧が分散できるマットで寝かせ、排泄で汚れないようにペットシーツを敷くかオムツを着けさせましょう。

てきたのですから、感謝の気持ちを込めてできる範囲で最高のケアをしてあげたいものです。飼い主さんのイライラ（負の感情）を犬は敏感に察知して傷つくこともあるので、ひとりに負担がかかりすぎないよう、家族みんなで協力・分担して行いましょう。

また、何事も「備えあれば憂いなし」と言うように、介護生活に向けて若いうちからできることを実践してください。まずは、栄養バランスの良い食事で基礎的な体力・生命力を高めて、運動もしっかりして筋力をつけておくこと。いざ介護が必要となったときに世話をしやすいよう、日ごろから信頼関係を作り上げておくことも大事です。抱っこやブラッシング、爪切り、歯みがきなども、若いうちから愛犬がすんなり受け入れられるようにしておくといいですね。

食事は食べやすくて栄養バランスの良い、そしてできるだけ愛犬がおいしく食べられるものを選んであげてください。

柴犬介護の心得

①愛犬の様子をしっかり観察

痛みを我慢して攻撃的になっているのを、認知症と勘違いすることも。変化に気付いたら、まず専門家に相談しましょう。

②世話をしすぎない

動けるうちは、できるだけ自分の足で歩かせるほうが犬のため。飼い主さんが自分の時間を確保するためにも、世話する時間を決めてかまいすぎないように。

③身近にあるものを活用

特別な介護用品がなくても、自宅でのケアは可能。セミナーや飼い主さん同士で情報を収集し、工夫してみましょう。

介護のためのマニュアル

自宅で簡単にできるケアを覚えておくと、いざというときに安心です。

年齢による問題行動が見られたら、犬と人の生活空間を分けるのもひとつの手。

オムツの用意

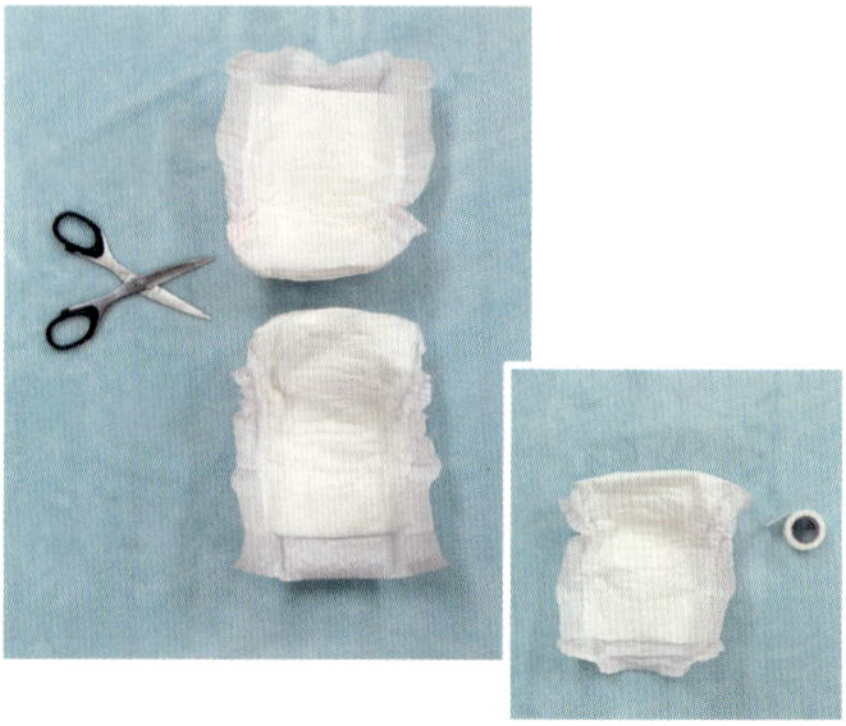

1 人用の尿漏れパッドを半分の長さにカット。ほつれ防止のために、切断面にサージカルテープを貼ります。

2 カットしたパッドの半分にしっぽ用の穴を開け、穴の縁にはサージカルテープを貼ります。

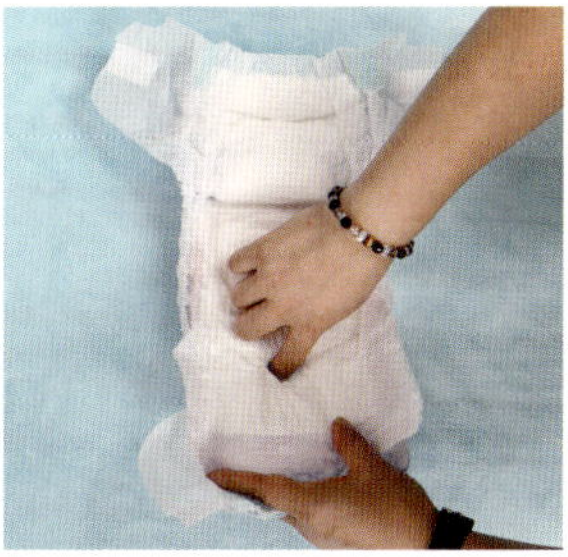

3
尿漏れパッドと犬用オムツカバーの穴を重ねてテープで固定。尿や下痢便が漏れにくくなり、長時間の使用にも耐えられます。

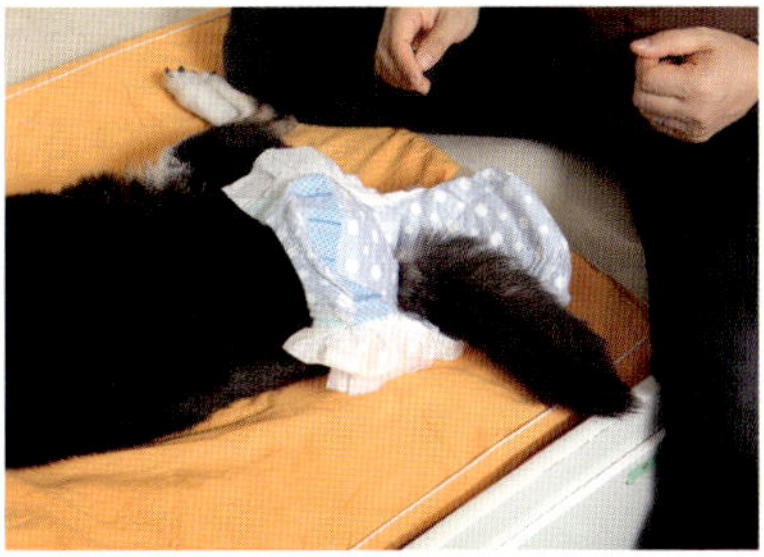

4
犬に③を装着します。しっぽの根元まで穴にしっかり通します。

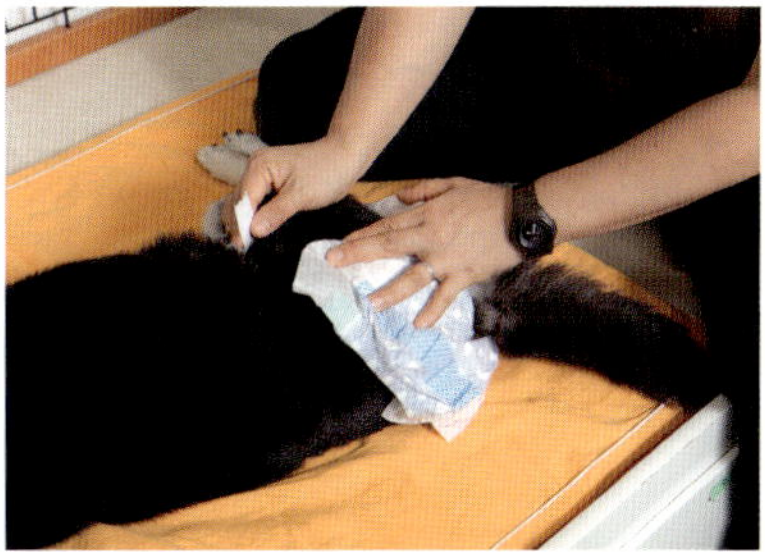

5
後ろ足のあいだに③を通して、テープでしっかり止めます。

マナーベルト

6
オスならマナーベルトの併用がおすすめ。横漏れを防ぐことができます。

床ずれケア

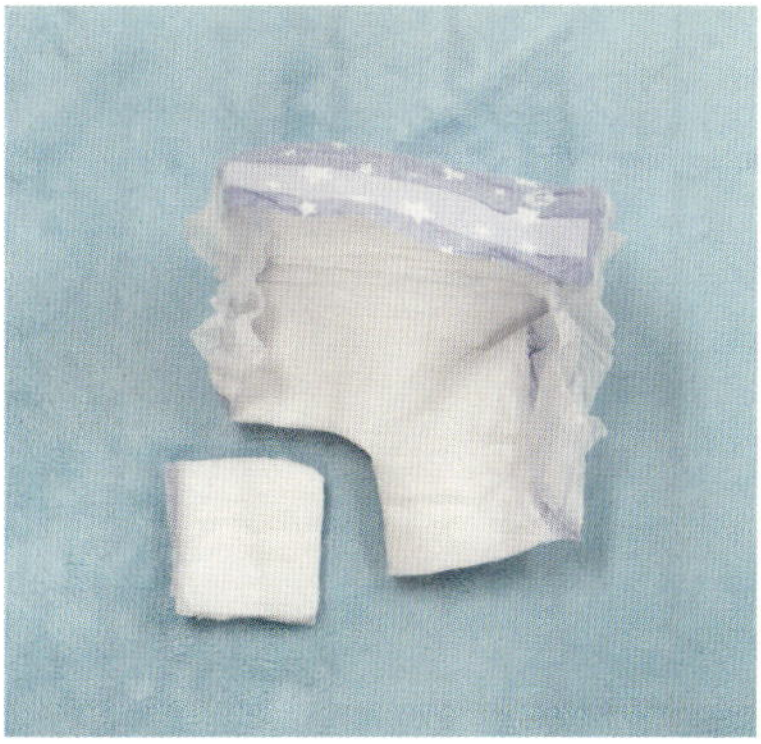

1
床ずれ用のパッドは、おむつや尿漏れパッドの吸収体を活用。患部の面積に合わせてカットします。

台所の
三角コーナー用の
袋が便利

2
表面に穴の開いたビニール袋を①と同じ大きさにカットして片面に重ね、四方にサージカルテープを貼ります。

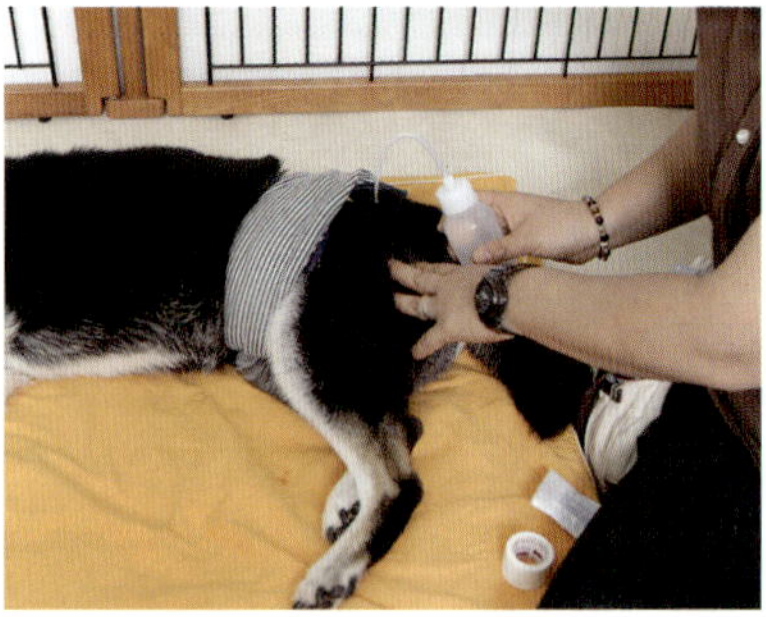

3　患部を水で洗い、周囲の被毛の水分だけをふき取ります。患部の水分はそのままでOK。

取り替える頻度は
1日1〜2回

4　ビニール袋の付いた面を患部に当てて、四方にサージカルテープを貼って固定します。

寝返りのサポート

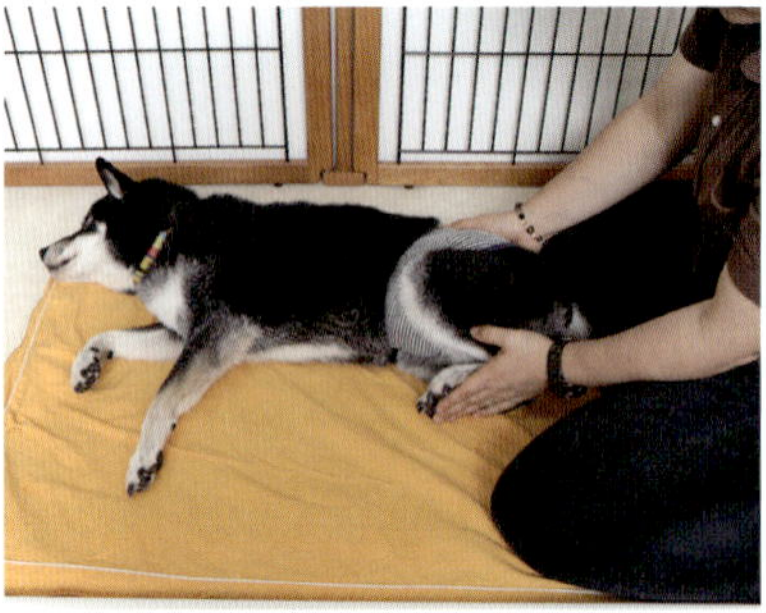

1　犬の体を支えながら、片方の手で後ろ足を折りたたみます。

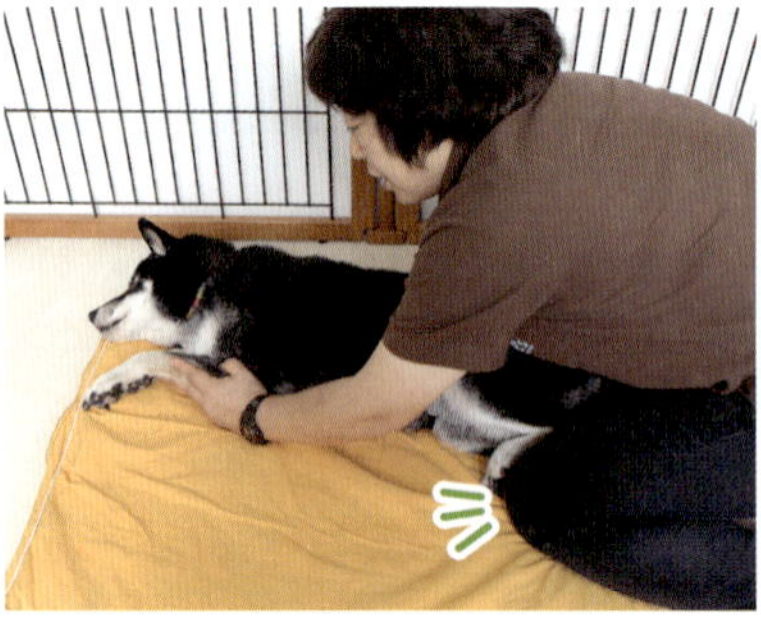

2　後ろ足を折りたたんだ状態を自分のひざで固定しながら、手で前足を折りたたみます。

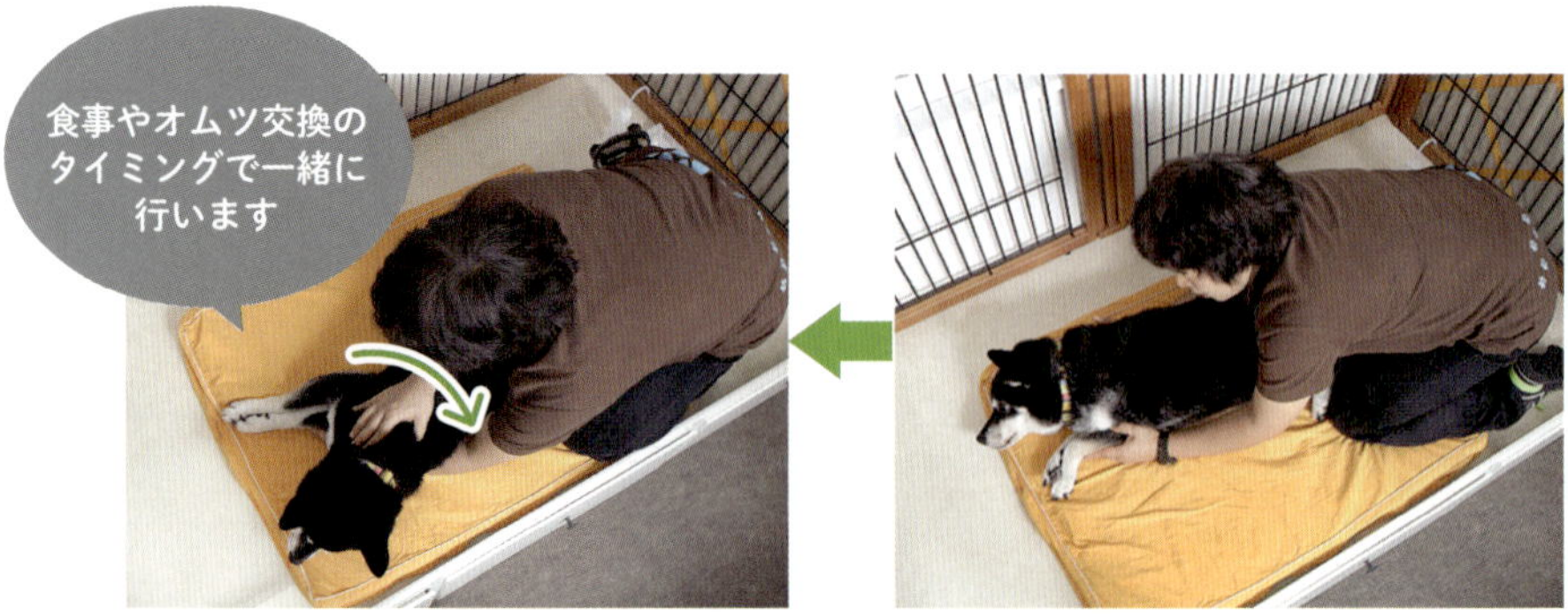
食事やオムツ交換の
タイミングで一緒に
行います

3　犬の体の下に手を添えて体を起こし、反対側に返します。

食事の介助

1 ひざのペットシーツをかけ、犬の頭を乗せて食事を与えます。寝たきりの犬でも体を起こしてあげましょう。

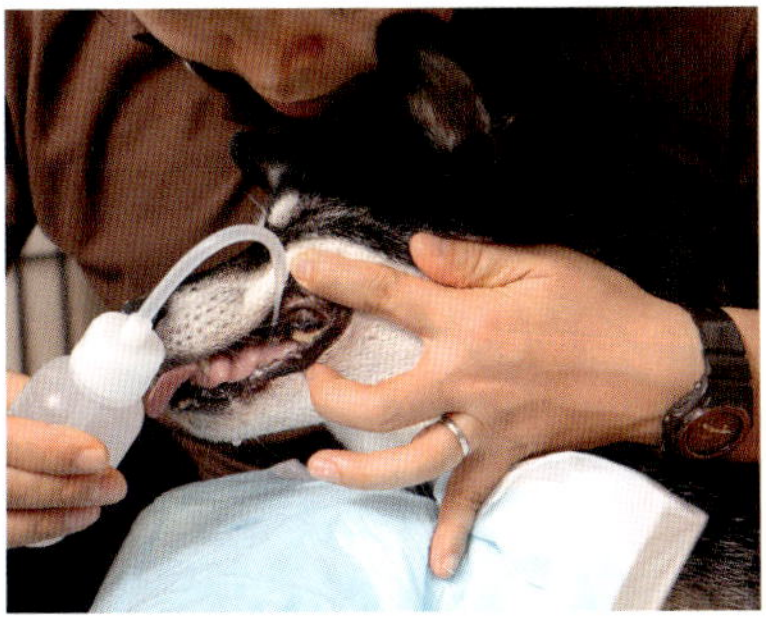

2 食後は歯ぐきに水をかけて食べかすを洗い流し、最後に口の周りをタオルでふきます。

シニア犬のためのセミナー

愛犬の介護を続けるには、獣医師など専門家への相談はもちろん、セミナーに参加するなどして同じ境遇の飼い主さんと話すことも大事。シニア犬の増加を受けて、老犬介護を学べるセミナーが多く開催されるようになってきているので、それを利用するのもおすすめです。

愛犬と一緒に参加できるワークショップ形式、バーベキューやお泊まり合宿などのイベントも楽しめるもの、グループワークや実習で飼い主同士の交流を促すものなど、そのタイプはさまざま。実際に介護に必要なテクニックをマスターできるだけでなく、老犬を介護する飼い主がつながり、お互い悩みを相談し合うこともセミナー参加の大きなメリットと言えるでしょう。

現在介護中の飼い主さんだけでなく、動物看護師やカウンセラーなど専門家が参加することもあるそう。

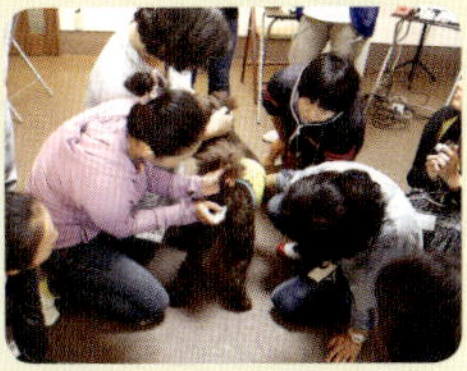

検温や入浴介助の方法など、介護の技術を学ぶこともできます。

柴犬との幸せな暮らし

+αのコツ

**柴犬と暮らす家や部屋、そしてお掃除も
飼い主さんにとっては悩みの種なのでは？
番外編として、住まいの工夫をいくつかご紹介します。**

1 部屋作り

愛犬と一緒にのびのび暮らせる家

近年増えつつある柴犬の室内飼い。外飼いが主流だったころには、飼い主さんと柴犬のあいだで一定の距離を保ちながら暮らすことができていたようですが、室内ではなかなかそうもいきません。入ってはいけない部屋や、家具を噛まないことなど、教えておかなければならないことは増えていきます。柴犬と飼い主さんがうまく暮らしていくためには、住まいを見直すことが有効なのです。

注意しておきたいのは、住まいを〝見直す〟ということが、住まいを〝強化する〟ことだけではないということ。「吠え声が大きくて近所迷惑だから、防音にしよう」、「家具が傷まないように、より丈夫な素材のものにしよう」といった対策も有効ですが、問題の行動が起こる原因を考え、生活スタイルや家具の配置を工夫するだけでも大きな効果が得られることがあります。

過度な擬人化はNG

柴犬は確かに家族の一員ですが、人間とは異なります。部屋のあちこちを歩き回れるようにしたことでかえって緊張してしまったり、暖房のせいで体調を崩すといった問題は、飼い主さんの配慮が不十分だったことが原因と言えそうです。

そもそも、柴は十分な運動が必要な犬種。十分に運動させてエネルギーを発散させれば、困った行動がなくなることもあります。愛犬の性質や求めているものを把握した上で、〝犬らしく〟くつろぐことができる部屋作りを目指しましょう！

柴犬と快適に暮らすための4か条

1 居場所を確保する

愛犬ひとりで落ち着けるスペースが確保されているか、改めて確認を。来客時やひとりになりたいときなどに避難できる場所があるだけで、ストレスは激減します。

2 危険なものは片付ける

柴犬に壊されたくないものは、手（足）が届くところに置かなければOK。収納スペースを増やすことでカバーできます。

3 掃除はこまめに

こまめな掃除は、ワンコと暮らすための基本。汚れが落ちやすい素材や可動式の家具を取り入れることで、すぐに掃除ができる清潔な室内を心がけましょう。

4 きれいな空気を維持する

空気の流れが悪いとニオイの原因になるだけではなく、カビやダニの原因になることも。換気にはよく注意しましょう。

柴犬との暮らし例

2階に上がらないよう、階段室に仕切り扉を設置。「ここから先に行ってはいけない」ことを示すため、床と階段で素材を変えています。

安心できる「自分だけのスペース」を確保。上部にあるのは犬グッズの収納に役立つ扉付きの棚。

お悩み解決！

快適ライフのひと工夫

大規模なリフォームをしなくても、
家具の配置を工夫するだけで
柴犬との快適な住まいを
作ることができます。

① カーテンで防音&消臭

布に染み込んだニオイはなかなか取れないもの。カーテンは、**洗えるか消臭効果のあるもの**を使うと大幅に改善されます。素材によっては防音効果もあるので、愛犬に合わせて検討を。

② ひとりになれるスペースを

ケージは玄関のそばなど、外の気配が感じられる場所にはなるべく置かないようにしましょう。また、音が伝わりやすく気温の変化が大きい窓際も避けたほうが無難。**「自分の身を隠しながら家族の気配がわかる」**というのがポイントです。

⑤ トイレは空気の流れの最後に

室内にニオイが残らないように、トイレはできるだけ空気の流れの最終ポイントに設置しましょう。換気扇のある洗面所や人間のトイレ付近などが理想的。家具の配置によっては空気の流れが滞り、ニオイが取れなかったり、空気の動きが少ない天井付近で空気が溜まっている場合も。サーキュレーターを配置するなどして、室内全体の空気が循環するようにしてみましょう。

⑥ ペット用の柵を使用

脱走を防止するためにも、玄関のそばにはペット用の柵を設置しましょう。外の気配が強い玄関スペースを行き来できるようにしておくと、柴犬は「自分が番犬の役割を与えられたんだ！」と思い込み、緊張状態でスタンバイしてしまうことになります。

⑦ リードフックと腰掛け

散歩の準備をするときや、帰宅時に犬の足をふくときのためにも、玄関に飼い主さんが座れる腰掛けやリードを掛けるフックがあると便利。

③ ラグやカーペットを活用！

フローリングなどの硬い床には、ラグやカーペットを敷くのがおすすめ。滑りにくくなってワンコの関節への負担を和らげるだけではなく、ハウスダストの飛散防止にも役立ちます。

④ 本棚も防音の助けに

紙（パルプ）には吸音効果あり。リビングなどの窓際に本棚を設置することで、防音効果が期待できます。本を詰めて並べると、遮音性もアップ。

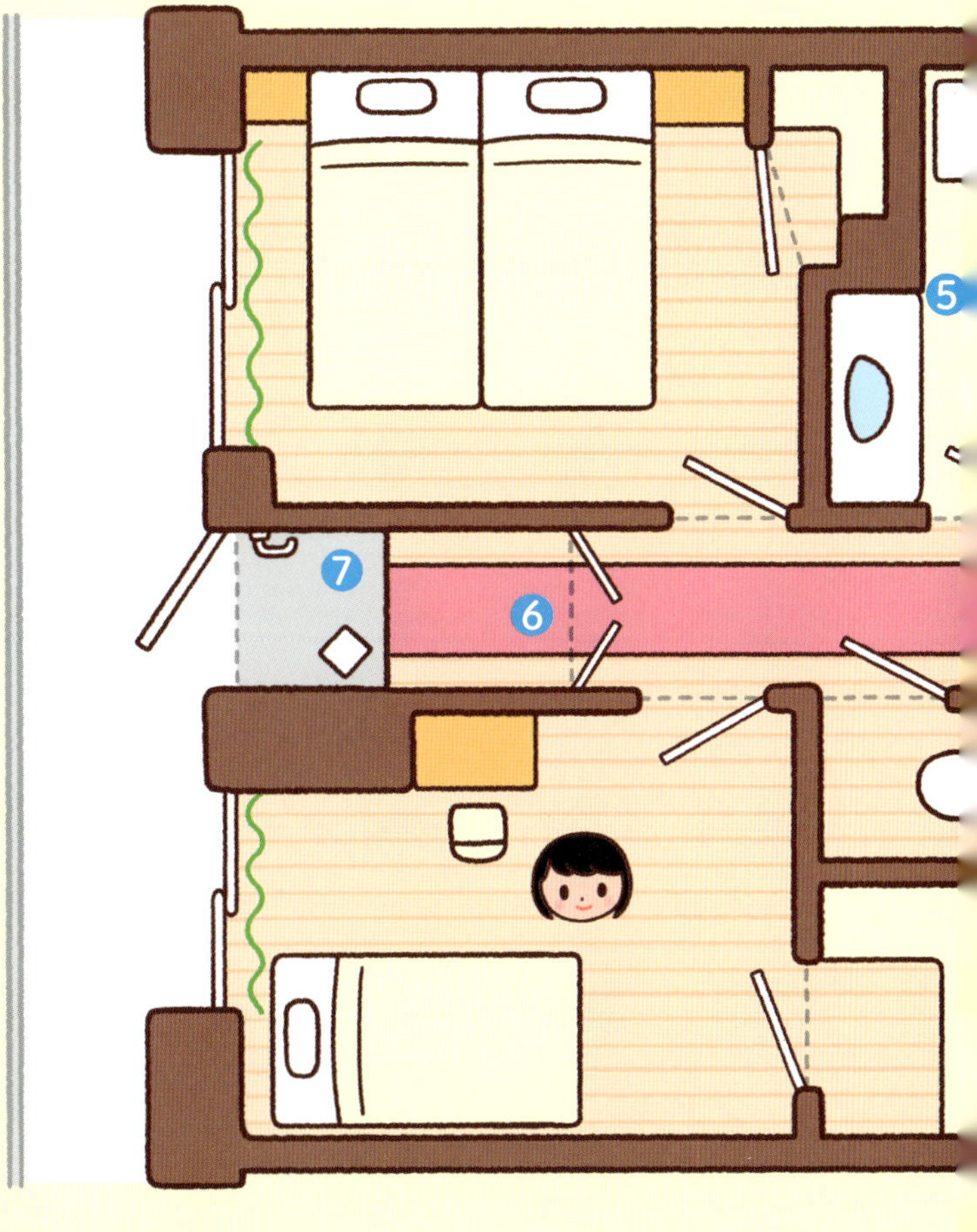

柴飼いあるある

暮らしのお悩みQ&A

柴犬を室内飼いする
飼い主さんが直面しがちな
お悩みをピックアップ。
“柴犬の言い分”も聞きながら、
改善ポイントを探ります。

Q リモコンにイスの脚など、部屋じゅうのものを噛んでボロボロにしてしまいます。どうしたらいいですか？

柴犬の言い分　ぜーんぶオモチャに見えるんだよ！

A 噛みごたえに注目

基本的に、噛まれたくないものは見せない・さわらせないことが鉄則！ イスの脚などをどうしても噛んでしまうようなら、脚の部分が金属製のものを選んだり、歯ごたえが悪いアルミホイルを巻くなどの工夫をしてみては。また、家具より噛みごたえバツグンのお気に入りのオモチャを代わりに与えることで、満足してやめることもあります。

Q 和室の押し入れに入りたがります。ふすまが破れるし、ニオイも付くのでやめさせたいのですが……。

柴犬の言い分　押し入れって落ち着くんだよね～

A ハウスを再検討してみて

和室は家族が集まるリビングの隣に配置されていることが多く、隠れながらリビングの様子を窺うのにぴったり。おまけに暗くて静かと、じつは柴犬が落ち着ける要素がそろっているのです。和室にこもりたがる犬は、現在与えられている自分のスペースでは安心できていない可能性があります。ハウスのサイズや置き場を再検討してみては。

Q ドアホンが鳴ると、興奮して吠えてしまいます。住環境の面で気を付けることはありますか？

柴犬の言い分　知らない奴が来たぞ～！みんなに知らせなきゃ！

A ドアホンが鳴ったらハウスへ

犬は、室内で自由に歩き回ることができる場所を「自分のテリトリー」だと考えます。もし愛犬がふだんから玄関に行けるようにしているのなら、それは玄関を見張る仕事を与えているようなもの。「チャイムが鳴る→玄関に侵入者がやって来る→吠えて撃退する」という条件付けが習慣的にできてしまっているのでしょう。チャイムが鳴ったらハウスに入れておやつを与えるなど、習慣を変えるための工夫をすることが大切です。また、柵を設けるなどして玄関へ近づけないようにし、「そこは見張らなくてもいいんだよ」と教えてあげて。

2 抜け毛のお掃除

柴犬と抜け毛は「切っても切れない」

　季節の変わり目は、柴犬にとっても〝衣替え〟のタイミング。とくに春と秋は換毛期なので抜け毛が増え、室内も乾燥します。するとハウスダストが増加し、さらに空気が汚れてしまうのです。とくに皮脂などが付いた犬の抜け毛は、アレルギーの原因となるダニやカビのエサになるので注意が必要です。

　掃除は「上から下へ」行うのが基本。天井に近いカーテンレールや家具の上から始めて、最後に床をきれいにするのが効率的です。とくに幅木のような部屋の凹凸部には、気付かぬうちに抜け毛が溜まってしまいがち。吸着力のあるハタキや掃除用シートなどを使って、こまめな掃除を心がけましょう。

　抜け毛は軽く、空気の流れとともに移動するので、意外な場所から見つかることもあります。家具のすき間にも入り込みやすく、オープンラックの中に潜んでいることも珍しくありません。突っ張り棒と布で目隠しすると、抜け毛の侵入を防げます。

　1日のなかで犬が長く過ごすベッドも要チェック。ベッドのすき間に入った抜け毛は歯ブラシでかき出し、粘着テープで取りのぞいてください。クッションなどは当て布をしてアイロンをかけ、さらに天日干しをして掃除機で仕上げるとダニの繁殖を防げます。

　柴犬が換毛期を迎えると毎日の掃除がさらに大変になりますが、コツさえ覚えてしまえば怖くありません！ポイントを押さえて効率的に行いましょう。

掃除の極意

現状分析
掃除する場所や素材、汚れの種類を理解する
例 レンジフィルターに抜け毛やほこりが溜まっている

×

作業法
どのようにして除去するか決める
科学的な力（洗剤など）／物理的な力（用具）
例 汚れがひどいので、洗剤とブラシが必要

＝

掃除法の決定
効果的な掃除方法を考えて決める
例 洗剤につけ置きしてからハケでこする

抜け毛を撃退しよう！

掃除が大変な場所ランキング

抜け毛との闘いにおいて、
手こずるのがこの3か所。
それぞれコツがあるので
参考にしてください！

第1位 フィルター類

レンジフードに溜まった抜け毛をそのままにしておくと、油とくっついてミルフィーユのように汚れが固着してしまいます。こんな頑固な汚れには、つけ置き洗いが効果的。衣類や布団の圧縮袋に食器用洗剤を1%溶かした50℃のお湯を入れ、その中に15分ほど置きます。浮き上がった汚れは不要になったプラスチックのカード類でこそげ取り、再び15分ほどつけ置きしたらブラシなどでこすってください。半年に1回を目安に。

エアコンの掃除法

エアコンのフィルターは2週間に1回を目安に、ブラシノズル付きの掃除機やペンキ用のハケを使って汚れを取りましょう。本体上部のほこりもお見逃しなく。内部の洗浄はプロに頼むと安心です。

第2位 カーペット

カーペットはほこりが舞いにくいものの、抜け毛が絡まって除去しにくいのが特徴。毛を起こすようにして掃除機をかけると効果的です。粘着テープはもちろん、軍手を装着して表面をなでてもOK。

掃除機のかけ方

①吸引力を感じながら楽な姿勢で

力を入れすぎるとヘッドが浮いてしまいます。カーペットの毛並みに沿って軽く押し、戻るときに毛を起こすようにすると◎！

②焦らずにゆっくりと！

掃除機の性能にもよりますが、1往復5〜6秒を目安に。

③遠くまで欲張らないこと

往復する距離が遠すぎたり、逆に近すぎたりすると、ヘッドが浮く原因に。一歩踏み出して軽く手を伸ばす感覚でOKです。

④「3分の1重ねがけ」を心がける

T字ノズルの両端は吸引力が弱いので、ノズル幅の1/3を目安に重ねがけしていくと、汚れを取り逃がしにくくなります。

⑤ノズルを使い分ける

- T字ノズル→床や面積の広い場所
- 細口ノズル→家具のすき間
- ブラシノズル→家具や家電、フィルター類

第3位 家電類

吸着タイプのハタキやマイクロファイバータオルを使って汚れを落とします。放熱口やスイッチ周りなどの凹凸部分にはペンキ用のハケが便利。パソコンなどの精密機器はデリケートなので、内部の掃除には専用の道具を使いましょう。

手作り洗剤

水500㎖に食器用洗剤を5㎖溶かして、スプレーボトルに入れれば出来上がり。汚れが気になったところにはスプレーしてふき取ります。ボトルを湯せんで温めてから使えば、油汚れも落とせます。家電はもちろん、フローリングやフィルター類にもおすすめ。

抜け毛お掃除のポイント

1 掃除道具はすぐ取り出せるところに

掃除機をクローゼットなどの奥にしまい込むと、出すのが億劫になってしまいます。リビングのテレビの近くなど、さっと取り出せる場所に必要な道具をまとめておくのがおすすめ。犬の行動パターンに合わせて寝室やケージの近くなど、何か所かに分けてもOKです。

2 「自然給排気口」をチェック

抜け毛が空気中を舞わないようにするには、まずは換気を良くして空気の通り道の掃除をします。とくに高気密住宅に設けられた、自然換気を行うための「自然給排気口」は要チェック！「外の風が入ってきて寒いから」といってふさいでしまうと、空気が循環しません。また、外側も掃除しないと室内の空気が汚れるので、見落とさないように。

3 100円ショップを活用しよう

100円ショップで入手できる小物類は、アイデア次第で便利な掃除用具になります。

●ペンキのハケ
家電やサッシのレール、幅木の上などの掃除にぴったり。

●軍手
手のひらにゴムが付いたタイプは、ソファや車の中の掃除に便利。手に装着して表面をなでるだけで、抜け毛を取ることができます。

●メラミンスポンジ
照明器具やエアコン表面の掃除に使えます。

●くぎ袋(工具)
腰に装着できるタイプが◎。中に用具一式を入れておけるので便利です。

●衣類・布団圧縮袋
封をすることができるので、液体を入れてもこぼれません。つけ置き洗いにおすすめ。

【監修・執筆・指導】

PART1 PART2

金指光春（日本犬保存会顧問審査員）
湘南美雅荘
布川康司（ぬのかわ犬猫病院）
Animal Protection

PART3

長谷川成志（Animal Life Solution）
川野なおこ（犬のがっこうエコール）
須崎 大、奥谷友紀（DOG SHIP）

PART4

布川康司
川野浩志（プリモどうぶつ病院練馬 動物アレルギー医療センター）
佐伯英治（サエキベテリナリィ・サイエンス）
日本動物高度医療センター
奈良なぎさ（Pet Vets）

PART5

福山貴昭（ヤマザキ学園大学）
渡辺和明（Grooming space simple）
町田健吾（荻窪ツイン動物病院）
石野 孝、相澤まな（かまくらげんき動物病院）

PART6

椎名 剛（中央アニマルクリニック）
本嶋 治（ティアハイムどうぶつ病院）
小笠原茂里人（ベイサイドアニマルクリニック）
由本雅哉（ふしみ大手筋どうぶつ病院）
ペットケアサービスLet's

+αのコツ

金巻とも子（かねまき・こくぼ空間工房）
ベスト株式会社

【参考文献】

『ニッポンの犬 日本犬の飼い方』卯木照邦著　大泉書店
『愛犬クラブ 柴犬』卯木照邦著　誠文堂新光社

0歳からシニアまで

柴犬とのしあわせな暮らし方

2017年10月1日　第1刷発行©

編　者　Wan編集部

発行者　森田 猛

発行所　株式会社緑書房

〒103-0004
東京都中央区東日本橋2丁目8番3号
TEL 03-6833-0560
http://www.pet-honpo.com/

印刷・製本　図書印刷

落丁・乱丁本は弊社送料負担にてお取り替えいたします。
ISBN 978-4-89531-311-7
Printed in Japan

編集　川田央恵、糸賀蓉子

カバー写真　蜂巣文香

本文写真　浅岡 恵、岩﨑 昌、内村コースケ
小野智光、川上博司、北川 泉、蜂巣文香

カバー・本文デザイン　三橋理恵子（quomodoDESIGN）

本文DTP　明昌堂

イラスト　石崎伸子、加藤友佳子、カミヤマリコ
くどうのぞみ、関上絵美、中島慶子
森 邦生、ヨギトモコ

撮影協力　加賀文月荘、加賀龍峰荘、神屋荘